输变电工程
施工人员专业实训

▶ 湖南省送变电工程有限公司 编

内 容 提 要

随着电力行业的发展和电网建设的不断推进，对于专业施工人员的实践能力要求越来越高。本书旨在为电力输变电工程领域的施工人员提供系统全面的实操培训，使其能够胜任各类电网建设任务。

本书涵盖了输变电工程施工所需的关键技能和实操知识，结合理论知识和实际操作，配有详细的示意图和案例分析，帮助读者更好地理解和应用所学内容，掌握变电与线路专业实操技能，提高工作效率，确保工程质量。

本书可供电力输变电工程领域的施工人员学习、阅读，也可供相关高等院校师生教学时参考。

图书在版编目（CIP）数据

输变电工程施工人员专业实训/湖南省送变电工程有限公司编.—北京：中国电力出版社，2024.4
ISBN 978-7-5198-8648-6

Ⅰ．①输… Ⅱ．①湖… Ⅲ．①输电－电力工程－工程施工－技术教育②变电所－电力工程－工程施工－技术教育 Ⅳ．①TM7②TM63

中国国家版本馆 CIP 数据核字（2024）第 031872 号

出版发行：中国电力出版社
地　　址：北京市东城区北京站西街 19 号（邮政编码 100005）
网　　址：http://www.cepp.sgcc.com.cn
责任编辑：安小丹（010－63412367）
责任校对：黄　蓓　马　宁
装帧设计：郝晓燕
责任印制：吴　迪

印　　刷：三河市百盛印装有限公司
版　　次：2024 年 4 月第一版
印　　次：2024 年 4 月北京第一次印刷
开　　本：710 毫米×1000 毫米　16 开本
印　　张：12.75
字　　数：181 千字
印　　数：0001—3500 册
定　　价：52.00 元

版 权 专 有　侵 权 必 究

本书如有印装质量问题，我社营销中心负责退换

《输变电工程施工人员专业实训》
编 委 会

主　　任：肖志高
副 主 任：陈正茂　朱　华　徐　彪　周　欣
委　　员：李汶霓　杨　佩　尹华平　刘　厅　罗　薇

编 写 人 员

主　　编：钱　武
副 主 编：方　杰　王　力　侯泓羽　夏娟娟
编写成员：杨　剑　邹永兴　余本法　邓明亮　曾　勇
　　　　　张　文　方志强　谭稳造　王炎焱　张明良
　　　　　张　炜　徐　戈　罗文俊　贺文豪　谭　颖
　　　　　周　奕　宋婷婷　戴坤阳　周泽勋　陈霖娜
　　　　　杨夏可　张凡帆　韩仙苔　陈雄飞　刘涵榕
　　　　　张双坤　王天煜　尹　群　霍　磊　方梓裕

前　　言

　　《输变电工程施工人员专业实训》是一本旨在帮助电网建设领域从业者提升实操技能的教材。随着电力行业的发展和电网建设的不断推进，对于专业施工人员的实践能力要求越来越高。本书旨在为电力输变电工程领域的施工人员提供系统全面的实操培训，使其能够胜任各类电网建设任务。

　　本书涵盖了输变电工程施工所需的关键技能和实操知识。通过本书的学习，读者将能够掌握变电与线路专业实操技能，提高工作效率，确保工程质量，从而更好地满足电力行业的需求。

　　本书的编写借鉴了丰富的实践经验和专业知识，旨在使读者能够系统地学习和掌握相关技能。每个实训案例都结合了理论知识和实际操作，配有详细的示意图和案例分析，以便读者更好地理解和应用所学内容。

　　我们希望本书能够成为广大电力行业从业者的实用工具书，为其提供持续学习和提升的平台。无论您是初学者还是资深施工人员，本书都将为您提供有益的帮助。

　　最后，衷心感谢各位专家学者和同行的支持和帮助，正是有了您们的支持，本书才得以顺利完成。

　　祝愿各位读者在阅读本书的过程中收获满满，取得更大的成就！

编著者

2023 年 12 月

目 录

前言

1 经纬仪测量水平距离及高差实操培训项目 …………………………… 1
2 交叉跨越物测量实操培训项目 ………………………………………… 17
3 分坑测量实操培训项目 ………………………………………………… 24
4 高处作业（登塔、走线）实操培训项目 ……………………………… 33
5 挂设接地线实操培训项目 ……………………………………………… 39
6 间隔棒安装实操培训项目 ……………………………………………… 46
7 防振锤安装实操培训项目 ……………………………………………… 52
8 液压压接机实操培训项目 ……………………………………………… 58
9 机动绞磨实操培训项目 ………………………………………………… 67
10 直线管压接实操培训项目 ……………………………………………… 79
11 耐张管压接实操培训项目 ……………………………………………… 89
12 SF_6气体回收充气装置的操作实操培训项目 ………………………… 102
13 隔离开关调节实操培训项目 …………………………………………… 109
14 主变压器滤油机组及真空泵操作实操培训项目（绝缘油处理）……… 117
15 电缆支架安装实操培训项目 …………………………………………… 129
16 电气二次屏柜安装实操培训项目 ……………………………………… 136
17 电缆管制作实操培训项目 ……………………………………………… 144
18 电气二次接线实操培训项目 …………………………………………… 151

19	电焊焊接实操培训项目	160
20	设备线夹加工及导线压接实操培训项目	169
21	铜、铝排制作实操培训项目	183
22	电建钻机基础施工实操培训项目	189
23	履带式起重机组塔实操培训项目	193

参考文献 …………………………………………………………… 197

经纬仪测量水平距离及高差实操培训项目

一、课程安排

经纬仪测量水平距离及高差操作培训项目计划 22 课时（每台仪器配 3 人），培训内容包括经纬仪的结构、经纬仪的对中和整平、经纬仪的读数、识别塔尺、水平距离及高差的计算及考核。

二、培训对象

适宜新进厂员工。

三、培训目标

（1）通过理论学习，了解经纬仪的结构、工作原理和用途。

（2）经过现场实际操作，熟练掌握经纬仪的操作和工作要点。

（3）掌握经纬仪的保养。

四、培训内容

（一）经纬仪的用途和构造

经纬仪是主要测量仪器之一，用它可以测量水平角、竖直角，距离和高程。

1. 特点

经纬仪是一种根据测角原理设计的测量水平角和竖直角的测量仪器，分为光学经纬仪和电子经纬仪两种，最常用的是电子经纬仪。

经纬仪是望远镜的机械部分，使望远镜能指向不同方向。经纬仪具有两条互相垂直的转轴，以调校望远镜的方位角及水平高度。经纬仪是一种测角仪器，它配备照准部、水平度盘和读数的指标、竖直度盘和读数的指标。

2. 结构

经纬仪由轴座、水平度盘、游标盘、望远镜、竖盘、制动螺旋和微动螺旋等部分组成。如图1-1所示为NT-023多功能电子经纬仪仪器组件情况。

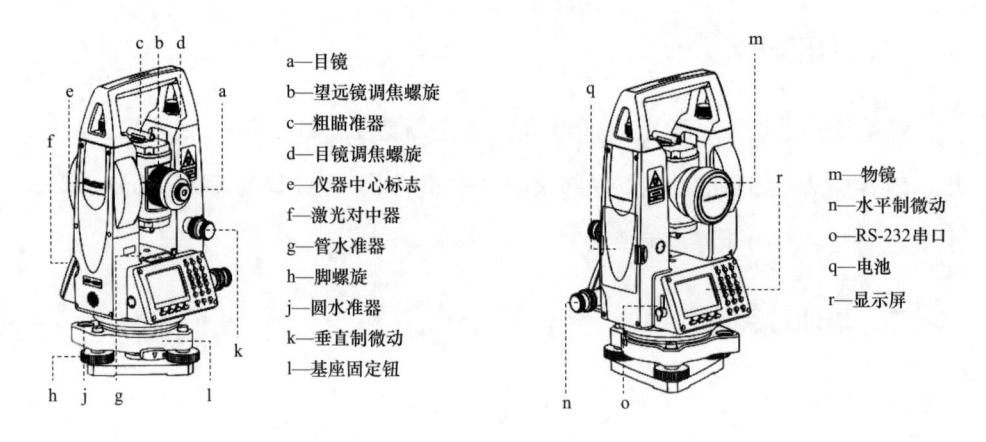

a—目镜
b—望远镜调焦螺旋
c—粗瞄准器
d—目镜调焦螺旋
e—仪器中心标志
f—激光对中器
g—管水准器
h—脚螺旋
j—圆水准器
k—垂直制微动
l—基座固定钮
m—物镜
n—水平制微动
o—RS-232串口
q—电池
r—显示屏

图1-1　NT-023多功能电子经纬仪仪器组件

（二）材料、工具准备

材料、工具准备见表1-1。

表1-1　　　　　　　材料、工具准备

序号	名称	规格型号	单位	数量	备注
1	经纬仪	NT-023	台	1	
2	脚架		个	1	

续表

序号	名称	规格型号	单位	数量	备注
3	大钢卷尺	30m	个	1	
4	小钢卷尺	5m	个	1	
5	塔尺		支	1	
6	小锤		个	1	
7	测桩		个	30	
8	测钉		kg	0.1	
9	计算器		个	1	
10	记录本		本	1	
11	记号笔		个	1	
12	标杆		根	2	
13	温度计		支	1	室外温度计
14	太阳伞		把	1	

（三）经纬仪安全培训

经纬仪操作安全规程如下：

（1）操作人员应当了解经纬仪的性能，并熟悉经纬仪使用知识和操作方法。

（2）严格按出厂说明书和铭牌的规定使用。

（3）经纬仪使用前必须进行校验，在使用前检查有效期，不合格的严禁使用。

（4）使用时必须将经纬仪架设牢固可靠。

（5）测量平距使用塔尺如在带电线路下面一定要保证其安全距离。

（6）仪器箱不可蹬坐。

（四）实操流程

1．操作前的准备

（1）检查经纬仪是否在校验期内。

（2）准备好测量用的工具、材料、资料、人员、车辆等。

（3）了解被测地资料。

2．经纬仪的误差检查流程

（1）经纬仪的检视，包括仪器外表、制/微动机构的检视，望远镜、水准器的检视，读书系统的检视，三脚架的检视。

（2）经纬仪的检校，包括水准管的检校、十字丝的检校。其检校原则是上盘水准管轴应垂直于竖轴、十字丝的竖丝应垂直于横轴、视准轴垂直于横轴、横轴垂直于竖轴。

3．经纬仪测量的基本方法

（1）经纬仪测量。用经纬仪测量时，须在测站上安置仪器。安置仪器包括对中、整平两个步骤。在观测时，要瞄准目标并读数。这是测量的基本方法，必须熟练地掌握。

（2）对中。使经纬仪中心与测站点处在同一铅垂线上，这叫作对中。一般经纬仪用垂球对中（光学经纬仪用光学设备对中），如图1-2所示，其步骤和做法如下：

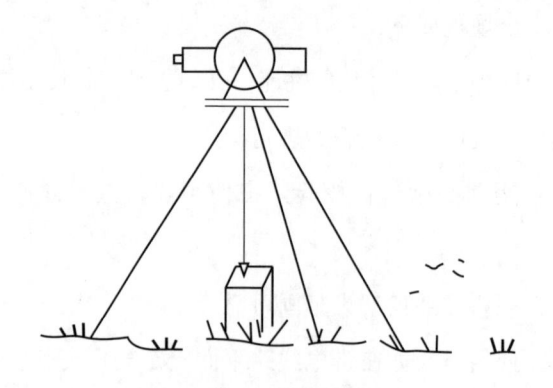

图1-2　经纬仪对中

1）先将三脚架安插在测站桩之上，再将三脚架升到与胸脯高的位置，使架顶面略成水平，且架顶面中心约略对准测站点（测站桩上的小钉），然后将经纬仪安放在架顶上，并与三脚架的连接螺旋连接好。

2）打开对点红外线，两手各持三脚架的一脚使仪器升降进退，既要使红外线约略对准测点，还要使水平度盘略成水平。同时使仪器高度适合观测者的身高。

3）将三脚架的各支脚均衡地依次踏实插入地中，使水平度盘仍保持略平状态，红外线仍不离测点。如稍有偏移时，稍微松动连接螺旋，移动仪器使红外线对准测点，再旋紧连接螺旋。

（3）整平。利用整平螺旋和游标上的水准管水平，使竖轴竖直，水平度盘处于水平位置，这叫作整平。其做法如图1-3所示，先使水准管平行于任意两个整平螺旋，调整这两个整平螺旋使气泡居中；然后将游标盘旋转90°，使水准管垂直于前两个整平螺旋的连线，调整第三个整平螺丝使气泡居中。

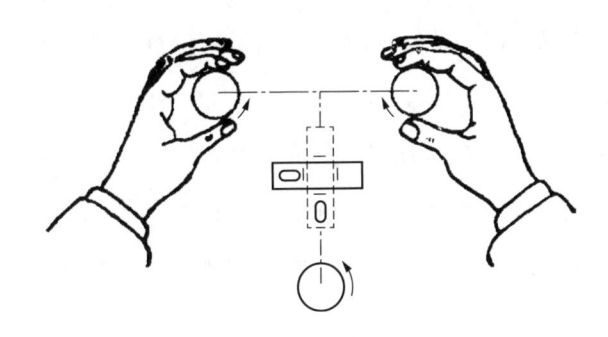

图1-3 整平的做法

（4）瞄准。用望远镜的十字线交点瞄准测量目标叫作瞄准。瞄准的步骤是：调节目镜使十字线清晰，然后放松水平度盘及望远镜的制动螺旋，使望远镜能上下左右旋转，沿着镜筒上的照准器大致对准目标，再调节物镜使物象清晰，通过望远镜寻找目标，并使目标处于十字线交点附近，旋紧水平度盘和望远镜的制动螺旋，再旋转水平度盘和望远镜微动螺旋，使十字线交点准确地瞄准目标。

测量时，将标杆直立于观测点上（图1-4）作为瞄准目标。当瞄准时，应使十字线交点对准标杆下部铁尖。如看不见铁尖，应使十字竖线平分标杆全部。

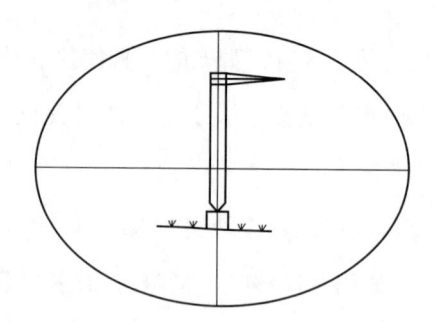

图 1-4 瞄准的做法

(5) 距离和高程的测量。

1) 水平角的观测。地面上两条直线投影到一个水平面上，这两条投影线的夹角叫作水平角。在送电线路设计测量过程中所测设的直线桩、转角桩，都要观测水平角。其目的是要检查直线桩是否有偏差角；测出转角杆转角度数。而在施工测量时，也要测水平角，以确定杆塔基础位置。测一个水平角，先用正镜（竖盘在望远镜左）测一次，如角度为 100°00′20″，记入记录簿，再用倒镜（竖盘在望远镜右）测一次，如角度为 259°59′38″，然后用 360° 减倒镜读数，则为 100°00′22″，两次测的角度平均值就是该角的最后值，两次测角之差不得超过仪器限定的两次测量互差值，如超过时应重测。用这种方法，既可以检验测角数值是否正确，又可以消除仪器误差对测角的影响。

例：如图 1-5 所示，测 OA、OB 两线间的水平夹角 θ，在 O 点上摆好仪器，先用正镜（竖盘在左）瞄准 A 点上的标杆，水平角置零，松开水平制动螺旋，顺时针转到 B 点方向且对正好标杆，旋紧制动螺旋止时仪器水平角显示的度数就是 A、B 间夹角 θ，记录好，再用倒镜（竖盘在右）按以上方法测一次记录好，取其两次测角的平均值就是 OA、OB 夹角 θ 的最后值。

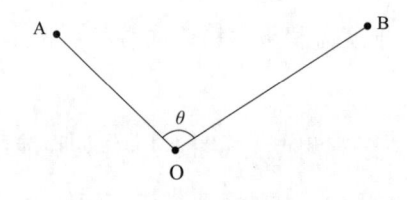

图 1-5 水平角 θ 的观测示意

2)竖直角的观测(见图1-6)。在同一竖直面内,视线方向线和水平线的夹角叫作竖直角(也叫垂直角)。在水平线上面的夹角 θ 叫仰角,角值为正,用符号"+"表示。在水平线下面的夹角 θ 叫俯角,角值为负,用符号"一"表示。

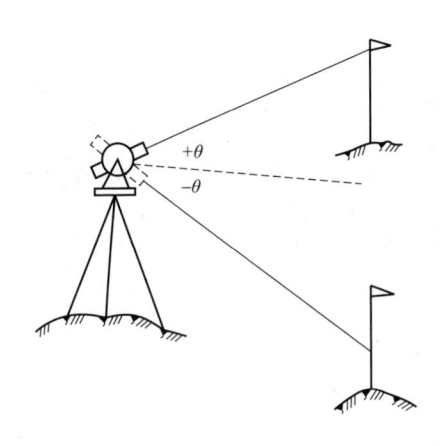

图1-6 竖直角的观测

测量原理如下:

①用正镜测仰角 θ_1 时,如图1-7(a)所示,设读数为65°30′,则:
$$\theta_1 = 90° - 65°30′ = 24°30′ \tag{1-1}$$

②用正镜测俯角 θ_2 时,如图1-7(b)所示,设读数为125°35′,则:
$$\theta_2 = 90° - 125°35′ = -35°35′ \tag{1-2}$$

③用倒镜测仰角 θ_3 时,如图1-7(c)所示,设读数为310°18′,则:
$$\theta_3 = 310°18′ - 270° = 40°18′ \tag{1-3}$$

④用倒镜测俯角 θ_4 时,如图1-7(d)所示,设读数为218°57′,则:
$$\theta_4 = 218°57′ - 270° = -51°03′ \tag{1-4}$$

3)直线定线。在地面上测定直线方向叫作直线定线。在送电线路设计测量时,要测量线路起点、转角点和终点间各个线段的直线,并在地面上钉桩作为标志。用经纬仪定线有下列几种方法。

①在两点间定线,如图1-8所示,在A、B两点间定线,先在A点整置经纬仪,在B点上立标杆。使望远镜视线照准B点上标杆,固定经纬仪上、下盘,

使视线方向不变。观测者指挥持尺人员把标杆直立于视线方向 C 点上，然后在标杆垂直下方钉桩，再将标杆立于桩顶上。如标杆正在视线方向上，标杆尖端在桩上钻一小孔，在孔中钉一小钉作为标志，如果能看清小钉就直接钉小钉。D、E 各点依同样方法测定。

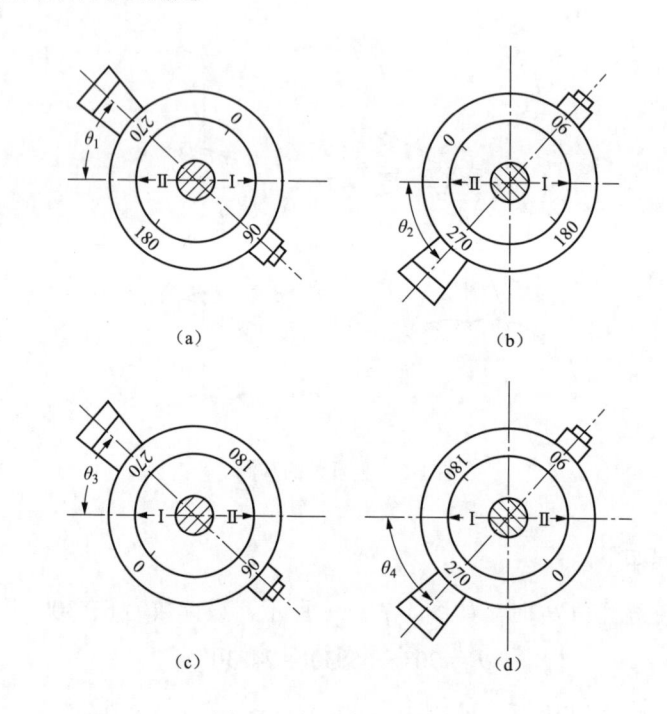

图 1-7 竖直角的测量原理

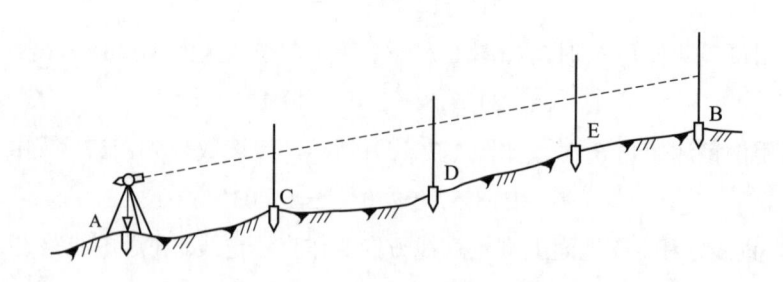

图 1-8 在两点间定线

②延长直线，如图 1-9 所示，延长 AB 直线，先在 B 点整置经纬仪，照准 A 点，固定上、下盘，然后倒转望远镜，此时视线方向就是 AB 线的延长线方

向。观测者指挥持尺人将标杆立于视线方向上,以测定 C、D 各点,最好是远点定近点。

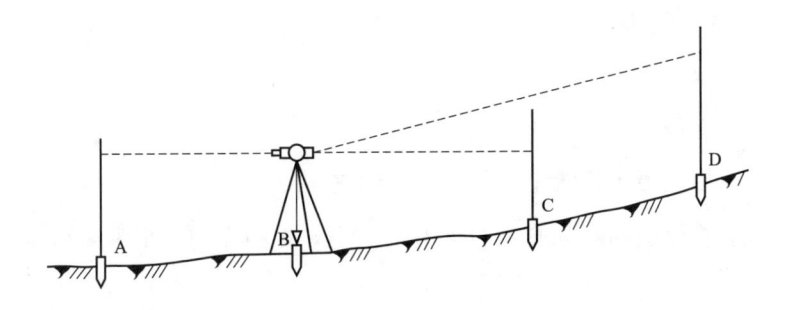

图 1-9 延长直线

4) 水平视距的测量。如图 1-10 所示,在平地 θ_1 安置仪器,当望远镜视线水平时(垂直角 90°或 270°),视线 OM 垂直于视距尺 M 点,通过物镜主焦点 F 与尺相遇于 A、B 两点,两点间的距离 R 叫作视距。如尺离仪器越远,R 值就越大,反之就越小。因此,根据 R 值及几何原理即可算出由仪器中心 O 至尺间的水平距离 D。

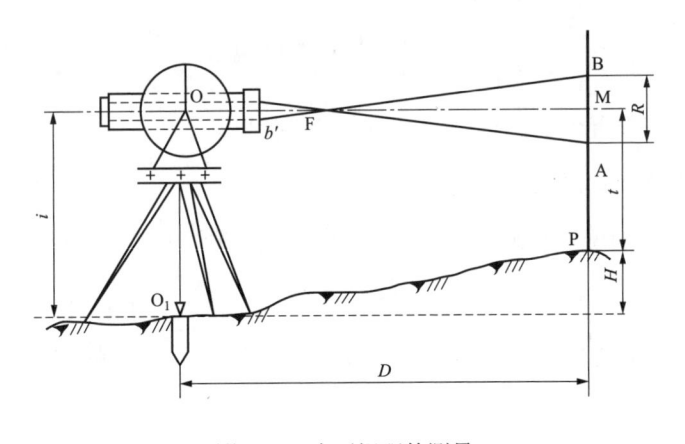

图 1-10 水平视距的测量

水平计算公式为:

$$D=KR \tag{1-5}$$

式中 K——常数,取值 100;

R ——视距（望远镜里上丝减下丝：$B-A$，但必须是上丝减中丝等于中丝减下丝 $B-M=M-A$，视距 R 才会正确）。

高差计算公式为：

$$H=i-t \tag{1-6}$$

式中 i ——仪器高；

t ——望远镜十字线中线所切尺上读数。

5）倾斜视距测量。如图 1-11 所示，测 A、B 两点的水平距离和高差。

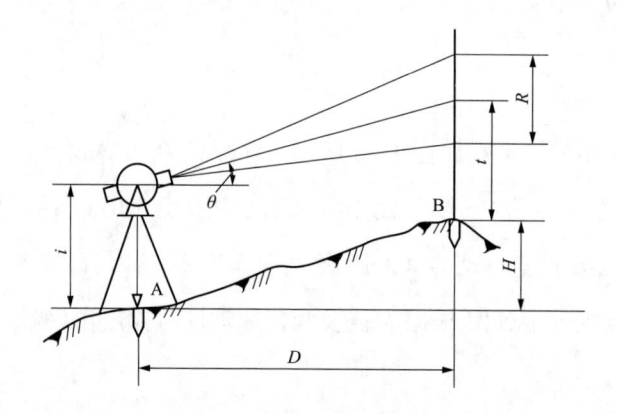

图 1-11 倾斜视距测量

①在 A 点安置仪器、整平、对中，量出仪器高 i。

②在 B 点上立视距尺，尺应垂直。

③观测人员使望远镜瞄准视距尺，并使十字横线所对尺上读数 t 等于仪器高 i。

④使竖盘游标水准管气泡居中，测出竖直角（用正、倒镜各测一次取其平均值）。

⑤读出上下视距线所切尺上的读数，其差即为视距 R。

以上所测数据要随时做好记录，以备计算。

平距计算公式为：

$$D=KR\cos^2\theta \tag{1-7}$$

高差计算公式为：

$$H=\frac{1}{2}KR\sin2\theta+i-t \qquad (1\text{-}8)$$

计算高差时，为了简化计算，在观测时常使 $i=t$，则：

$$H=\frac{1}{2}KR\sin2\theta \text{ 或 } H=D\tan\theta \qquad (1\text{-}9)$$

当竖直角为仰角时，H 值为正，竖直角俯角时，H 值为负。

式中　K——常数，取值 100；

　　　R——视距；

　　　i——仪器高；

　　　t——望远镜十字线中线所切尺上读数；

　　　D——平距；

　　　H——高差。

4．使用经纬仪的注意事项

（1）在仪器出箱前，要记清楚仪器原来是怎样装箱的，以便使用完毕按照原样装回箱去。如装不合适或装不进去，应查明原因再装，不要强挤强压。

（2）仪器出箱时，要用手托轴座或度盘，不能用手提望远镜。

（3）三脚架支稳定后，再安装仪器，并立即拧紧三脚架和仪器的连接螺旋，要注意检查是否旋紧，以免仪器摔掉。

（4）各部制动螺旋不得拧得太紧或太松，应该是松紧适度。已经拧够分就不要再强拧，以免伤损螺旋。微动螺旋应保持适中位置，而使它进退灵活，如发现过紧或失效时，应找出原因进行调整，不可再用劲强拧。

（5）转动仪器时，应手扶支架或度盘，要平稳地转动，不可急剧地转动，更不要用手摇望远镜使仪器左右旋转。

（6）望远镜的目镜、物镜和度盘如沾灰尘，严禁用手、粗布或硬纸等擦拭，要用软毛刷轻轻地掸去灰尘，以免破坏它的光洁度。

（7）仪器避免在强烈日光下照射，以防止水准管破裂及气泡偏移和轴线关系的改变。

（8）仪器将要搬移时，应先旋紧各部螺旋，以免磨损，但也不能拧得太紧，以备受震动时还有活动的余地。远距离搬移仪器要装箱，如用车运应做好防震措施。近距离搬移时，一手托住轴座，一手持三脚架，要竖着拿，同时要注意前进方向上有无障碍，以免仪器撞损伤。

（9）仪器用完之后，要除去灰尘。如果不慎被雨雪淋湿，要用软布擦去水珠，晾干后再装箱。装箱时要稍微拧紧各制动螺旋，以免在搬运时晃动磨损。仪器箱上不要坐人。

（10）仪器使用到一定阶段要进行检修、擦拭、加油，保持清洁，而使各轴正常活动。至于什么时候要检修，这要根据使用时间长短和使用季节、地区和校验期限来决定。如在风沙污秽地区经常使用时，检修次数要相应地多一些。

（11）仪器平时不用也应放在清洁、干燥温度变化不大的地方保管。

5．经纬仪的保养

（1）避免在阳光下暴晒，不要将仪器望远镜直接照准太阳观察避免人眼及仪器的损伤。

（2）仪器使用时，确保仪器与三脚架链接牢固，遇雨时可将防雨袋罩上。

（3）仪器装入仪器箱时，仪器的止动机构应松开，仪器及仪器箱保持干燥。

（4）仪器运输时，要装在仪器箱中，并尽可能减轻仪器振动。

（5）在潮湿、雨天环境下使用仪器后，应把仪器表面水分擦干，并置于通风环境下彻底干燥后装箱。

（6）避免在高温和低温下存放仪器，亦应避免温度剧变（使用时气温变化除外）。

（7）擦拭仪器表面时，不能用酒精、乙醚等刺激性化学物品，对光学零件表面进行擦拭要使用本仪器配备的擦镜纸。

（8）电子经纬仪如果长时间不用，应把电池盒从仪器上取下，并放空电池盒中的电容量。

（9）仪器如果长时间不用，应把仪器从仪器箱中取出，罩上塑料袋并置于通风干燥的地方。

（10）若发现仪器有异常现象，非专业维修人员不可擅自拆开仪器，以免发生不必要的损坏。

（五）考核要求

（1）理论考核。满分 100 分，题型有选择题、判断题、简答题或论述题，考试时间 30min，60 分合格。

（2）实操考核。具体考评标准见附件 1-1。

附件 1-1

经纬仪使用实际操作评分表

考生编号：　　　　　　　　　姓名：　　　　　　　年　月　日

试题名称	经纬仪测量水平距离及高差			
评价工种	送电线路架设	评价等级	初级工	考核限时	20min
考题描述	1. 考核能力项：输电线路测量。 2. 评价模块名称：经纬仪测量水平距离和高差。 3. 考题为实操类			
任务布置	1. 考评员询问考生身体状态。 2. 考评员向考生交代本次考试需具体完成的任务、考核时长，询问考生任务是否明确。 3. 考生准备完毕，向考评员申请开始考试，考评员开始计时			

一、评分细则

考核内容	考核标准		限时	标准分
1.1 工作准备 （20分）	1.1.1	正确穿着工作服，佩戴安全帽		5
	1.1.2	准备测量工具		5
	1.1.3	对测量工具进行外观检查		5
	1.1.4	检查合格证及检定证书		10
1.2 工作过程 （40分）	1.2.1	检查确认测桩		5
	1.2.2	将三脚架调整至适当高度并初步架设在测桩上方，脚架三只脚应大致呈正三角形分布		10
	1.2.3	从经纬仪箱正确取出经纬仪		10
	1.2.4	将经纬仪安置在三脚架上并拧紧中心连接螺栓		10
	1.2.5	初步对中、将三脚架踩紧，整平	3min	20
	1.2.6	精确对中、整平及调整		
	1.2.7	测量并记录仪高		10
	1.2.8	指挥配合人员在测点正确树立塔尺，塔尺应正直		20
	1.2.9	瞄准塔尺，使用正倒镜读出三丝、竖直角并记录	5min	20

1 经纬仪测量水平距离及高差实操培训项目

续表

考核内容	考核标准	限时	标准分
1.2 工作过程（40分）	1.2.10 计算水平距离及高差		10
	1.2.11 操作时，双脚距离三脚架最小距离不应小于100mm；双脚不应跨在脚架上方		10
	1.2.12 经纬仪安置合格后，身体部位不应该碰触三脚架		10
1.3 成果工艺（30分）	1.3.1 光学对中时，十字丝不超出大圆圈；激光对中时，光斑不超过对中点		20
	1.3.2 整平时，长水准管水泡不超过半格		20
	1.3.3 水平距离、相对高差准确		20
	1.3.4 提交测量及计算记录		20
1.4 工作终结（10分）	1.4.1 测量完毕后，经纬仪正确装箱		10
	1.4.2 报告工作终结		5
	1.4.3 工完料尽场地清		5

二、否决项

类别	否决标准	标准分
2.1 安全要求	2.1.1 违反《国网湖南省电力有限公司强化安全生产反违章工作的实施意见》（湘电安委办〔2022〕5号）中的违章界定50条（详见附件）	100
2.2 时间要求	2.2.1 未在考核限时内完成所有考核内容	100
2.3 文明考试	2.3.1 违反考试纪律	100
	2.3.2 有不文明用语，抽烟、吃槟榔等不文明行为，且态度恶劣，每次扣10分	10/次

三、补充扣分项（不超过10分）

序号	扣分情况记录	标准分
3.1 说明	考评员在考评期间发现不在上述评分标准中但应该予以扣分的情况，可以进行补充扣分，所有补充扣分之和不超过10分	0~10

四、考核所需设备、工器具、耗材

类型	名称	型号	单位	数量	备注
工器具	经纬仪	NT-023	台	1	
工器具	脚架		个	1	

续表

类型	名称	型号	单位	数量	备注
工器具	大纲卷尺	30m	个	1	
工器具	小钢卷尺	5m	个	1	
工器具	塔尺		支	1	
工器具	计算器		个	1	
工器具	记录本		本	1	
工器具	太阳伞		把	1	

备注：
1. 以上每项得分扣完为止。
2. 超过规定时间50%，考评人员可下令终止操作。
3. 工器具不符合作业条件考评人员可下令终止操作。

考评组长： 考评员： 作业人员签名：

2 交叉跨越物测量实操培训项目

一、课程安排

培训内容主要为交叉跨越物测量实操，培训项目计划 8 课时。

二、培训对象

适宜新进厂员工。

三、培训目标

（1）通过理论学习，了解交叉跨越物测量方式方法。

（2）经过现场实际操作，熟练掌握交叉跨越物测量方式方法要点。

四、培训内容

（一）一般要求

（1）观测站要选在跨越交叉角最大角的二等分线上。

（2）测导线对地面垂直距离时，测站应设在线路的垂直方向上。

（3）为了避免竖直角过大，观测站距跨越点的距离，为导线对地距离的 2～3 倍，要因地制宜。

(4)线路跨越送、配电线路和弱电线路时,要测两线路中线的交叉点处的竖直角,望远镜视线要瞄准这两条中线,不要测错。如被跨越送电线路有避雷线时,应测避雷线。

(5)测铁路、公路时,应测轨顶和路面的标高。测架空管道、索道时,要测管道、索道上部的标高。

(6)测竖直角时,要用正、倒镜观测,取其平均值,而正、倒镜测角之差不得大于1′30″。

(7)要测出交叉点至线路最近杆塔的水平距离,以备计算跨越点导线弛度。

(8)要记录测量时气温,以备换算最高温度时导线对被跨越物的最小垂直距离。

(二)操作流程

1.线路跨越铁路、公路及对地面的垂直距离测量

(1)观测站在平地。如图2-1所示,测量导线对公路面的垂直距离。将仪器安置在观测站M处,将视距尺立在线路与公路交叉点K上,旋平望远镜对准视距尺,读出水平视距(上、中、下线),测出M至K的水平距离a,再使望远镜视线瞄准导线弧垂,用正、倒镜测出平均竖直角;再将仪器移到K点,测出K至最近杆塔的水平距离l_1。从图示关系中可知:

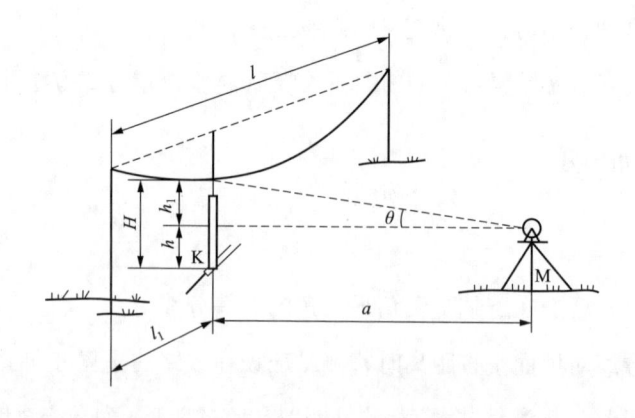

图2-1 观测站在平地时的垂直距离测量

$$H = h_1 + h = a\tan\theta + h \tag{2-1}$$

式中 H——导线对地的垂直距离；

h——望远镜十字中线的读数。

(2) 观测站在高处。如图 2-2 所示，跨越铁路。将仪器安置在最大交叉角的平分线上，视距尺立在交叉点铁轨顶 K 上，使望远镜十字中线对准尺上的一个整数 h，测出 θ_1 角；再瞄准导线测出 θ_2 角，测出观测站至 K 的水平距离 a，则导线至铁轨顶面的垂直距离为：

$$H = a(\tan\theta_1 + \tan\theta_2) + h \tag{2-2}$$

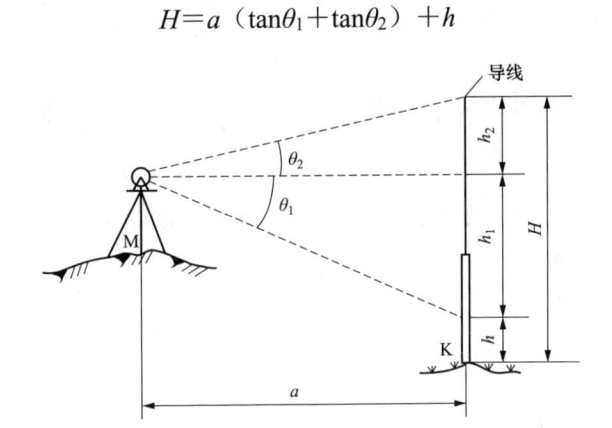

图 2-2 观测站在高处时的垂直距离测量

(3) 观测站在底处。如图 2-3 所示，测导线对地面的垂直距离。将仪器安置在线路垂直方向观测站 M 处，将视距尺立在导线垂直下方地面 K 处，望远镜瞄准视距尺上的一个整数，测出 θ_1，再使望远镜瞄准导线测出 θ_2，同时测出 M 至 K 间的水平距离 a，则导线对地面的垂直距离为：

$$H = a(\tan\theta_2 - \tan\theta_1) + h \tag{2-3}$$

2．线路跨越配电线路、弱电线路、架空管、索道的垂直距离测量

导线对这些交叉跨越物垂直距离的测量方法基本是相同的，因为它们都是在空中交叉。所以，只举跨越弱电线中通信线的测量方法，可见一斑。

如图 2-4 所示，仪器安置在线路与通信线的最大交叉角的二等分线 M 点上，视距尺立在两线交叉点的垂直下方 K 处，望远镜视线瞄准视距尺，测出 M、K

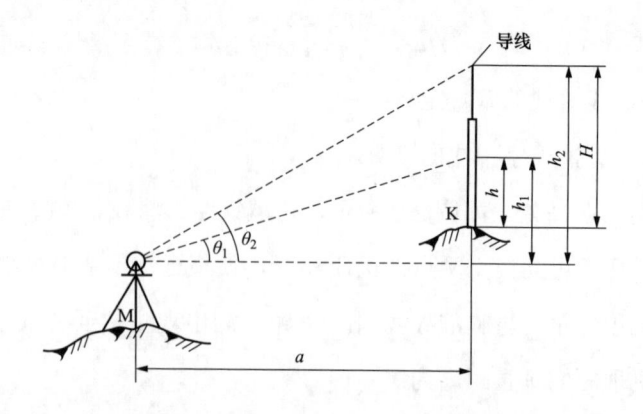

图 2-3 观测点在底处时的垂直距离测量

间的水平距离；然后仰视通信线测出 θ_2 再瞄准导线测出 θ_1，则导线与通信线的垂直距离为：

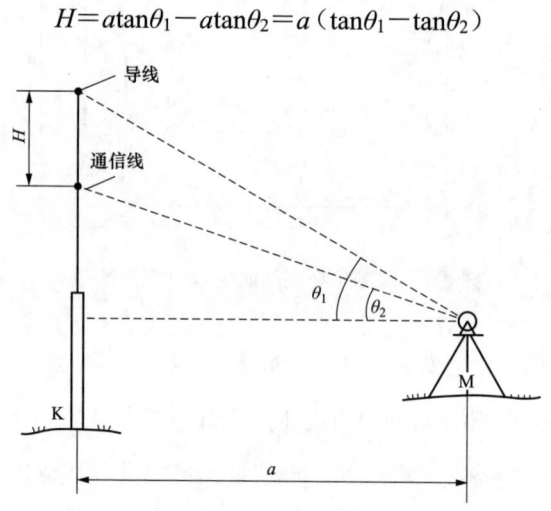

$$H = a\tan\theta_1 - a\tan\theta_2 = a(\tan\theta_1 - \tan\theta_2) \qquad (2-4)$$

图 2-4 跨越通信线的垂直距离测量

（三）考核要求

（1）理论考核。满分 100 分，题型有选择题、判断题、简答题或论述题，考试时间 30min，60 分合格。

（2）实操考核。具体考评标准见附件 2-1。

附件 2-1

交叉跨越物测量实际操作评分表

考生编号：　　　　　　　姓名：　　　　　　　年　月　日

试题名称	交叉跨越物测量			
评价工种	送电线路架设	评价等级：中级工	考核限时：20min	
考题描述	1. 考核能力项：输电线路的测量。2. 评价模块名称：交叉跨越测量。3. 考题为实操类			
任务布置	1. 考评员询问考生身体状态。2. 考评员向考生交代本次考试需具体完成的任务、考核时长，询问考生任务是否明确。3. 考生准备完毕，向考评员申请开始考试，考评员开始计时			

一、评分细则

考核内容	考核标准	限时	标准分
1.1 工作准备（20分）	1.1.1 正确穿着工作服，佩戴安全帽		5
	1.1.2 准备测量工具		5
	1.1.3 对测量工具进行外观检查		5
	1.1.4 检查合格证及检定证书		10
1.2 工作过程（40分）	1.2.1 在交叉角（钝角）平分线上适当位置设立测站		20
	1.2.2 将三脚架调整至适当高度并初步架设在测站上方，脚架三只脚应大致成正三角形分布		10
	1.2.3 从经纬仪箱正确取出经纬仪		10
	1.2.4 将经纬仪安置在三脚架上并拧紧中心连接螺栓		10
	1.2.5 初步对中、将三脚架踩紧，整平	2min	20
	1.2.6 精确对中、整平及调整		
	1.2.7 测量并记录仪高		10
	1.2.8 指挥配合人员在交叉点水平面投影点正确树立塔尺，塔尺应正直		20

21

续表

考核内容	考核标准	限时	标准分
1.2 工作过程（40分）	1.2.9 瞄准塔尺，使用正倒镜读出三丝、竖直角并记录	5min	20
	1.2.10 瞄准导线及被跨越物，使用正倒镜读出竖直角并记录		20
	1.2.11 计算水平距离及净空距离		10
	1.2.12 操作时，双脚距离三脚架最小距离不应小于100mm；双脚不应跨在脚架上方		10
	1.2.13 经纬仪安置合格后，身体部位不应该碰触三脚架		10
1.3 成果工艺（30分）	1.3.1 光学对中时，十字丝不超出大圆圈；激光对中时，光斑不超过对中点		20
	1.3.2 整平时，长水准管水泡不超过半格		20
	1.3.3 净空距离准确		20
	1.3.4 提交测量及计算记录		20
1.4 工作终结（10分）	1.4.1 测量完毕后，经纬仪正确装箱		10
	1.4.2 报告工作终结		5
	1.4.3 工完料尽场地清		5

二、否决项

类别	否决标准	标准分
2.1 安全要求	2.1.1 违反《国网湖南省电力有限公司强化安全生产反违章工作的实施意见》湘电安委办〔2022〕5号）中的违章界定50条（详见附件）	100
2.2 时间要求	2.2.1 未在考核限时内完成所有考核内容	100
2.3 文明考试	2.3.1 违反考试纪律	100
	2.3.2 有不文明用语，抽烟、吃槟榔等不文明行为，且态度恶劣，每次扣10分	10/次

三、补充扣分项（不超过10分）

序号	扣分情况记录	标准分
3.1 说明	考评员在考评期间发现不在上述评分标准中但应该予以扣分的情况，可以进行补充扣分，所有补充扣分之和不超过10分	0~10

四、考核所需设备、工器具、耗材

类型	名称	型号	数量	备注
工器具	经纬仪	J2	1	
工器具	三脚架		1	

2 交叉跨越物测量实操培训项目

续表

类型	名称	型号	数量	备注
工器具	钢卷尺	5m	1	
工器具	塔尺	5m	1	
工器具	科学计算器		1	
工器具	温度计	室外	1	

备注：
1．以上每项得分扣完为止。
2．超过规定时间50%，考评人员可下令终止操作。
3．出现重大人身、器材和操作安全隐患，考评人员可下令终止操作。
4．工器具不符合作业条件考评人员可下令终止操作。

考评组长： 考评员： 作业人员签名：

3 分坑测量实操培训项目

一、课程安排

培训内容主要为分坑测量实操，培训项目计划16课时。

二、培训对象

适宜新进厂员工。

三、培训目标

（1）通过理论学习，了解分坑测量方式方法。
（2）经过现场实际操作，熟练掌握分坑测量方式方法要点。

四、培训内容

一、杆塔基础坑的测定

杆塔基础坑测定，是把杆塔基础坑的位置测设到线路指定的塔号上，并钉木桩为挖坑的依据。

（一）分坑数据计算

一条线路上有多种杆塔基础型，分坑数据也不相同，要根据基础型号分别计算分坑数据。分坑数据是根据设计的各种杆塔基础施工图中所示的基础根开（即相邻基础中心距离）、基础底坐宽和坑深等数据计算的。图 3-1 是铁塔基础图之一种，图 3-1（a）为正面图，图 3-1（b）为平面图。

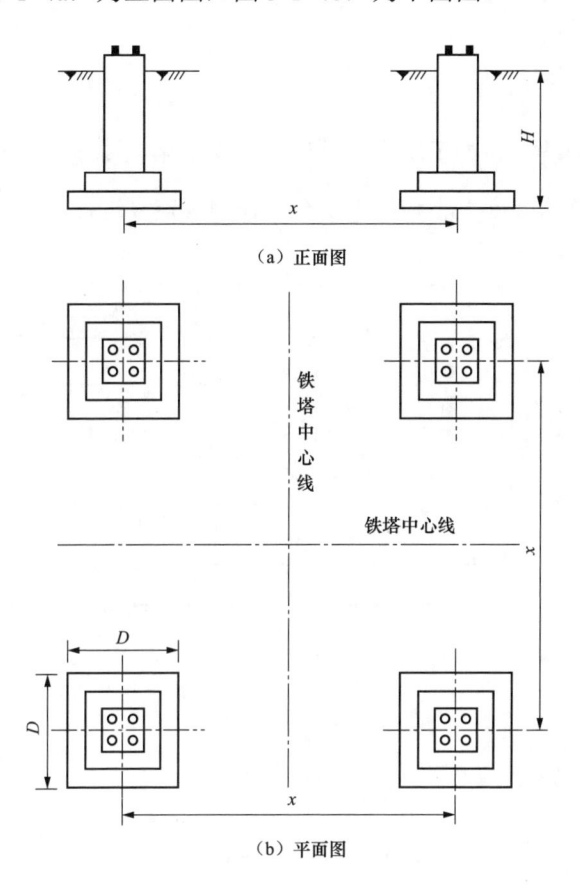

(a) 正面图

(b) 平面图

图 3-1　铁塔基础图

D—基础底座宽；x—基础根开；H—设计坑深

开挖式基坑的测量流程分析如下：

（1）坑口宽的计算。

坑口宽是根据基础底座宽、坑深以及安全坡度来计算的，如图 3-2 所示。

坑底宽为：

$$b = D + 2e \qquad (3-1)$$

坑口宽为：

$$a = b + 2\tan f H \qquad (3\text{-}2)$$

式中　e——坑下操作所留的空地（一般为 0.2～0.3m）；

　　　H——设计坑深；

　　　f——安全坡度。

什么是安全坡度？为了防止坑壁坍塌，保证施工安全，应根据不同土壤的安息角来决定坑的坡度大小和施工安全规程的规定来进行。

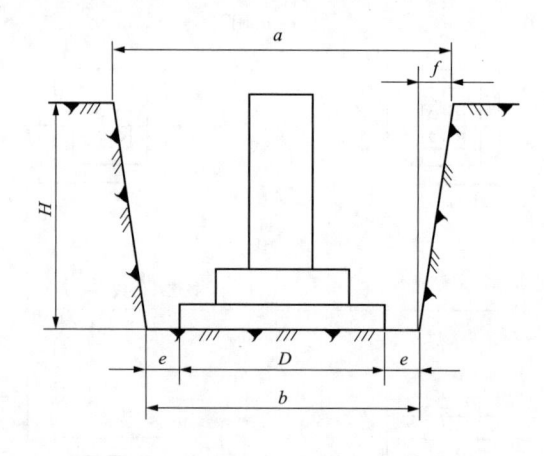

图 3-2　坑口宽计算

a—坑口宽；b—坑底宽；e—坑下操作所留的空地；f—安全坡度；D、H 同上

（2）直线塔正侧面根开相等坑口相等的测定。

如图 3-3 所示，因基础正侧面根开相等，所以 θ 角为 45°。

计算公式如下：

$$E = \frac{\sqrt{2}}{2}(x - a) \qquad (3\text{-}3)$$

$$E_1 = \frac{\sqrt{2}}{2}(x + a) \qquad (3\text{-}4)$$

首先根据线路复测时的控制桩，钉好前、后、左、右 4 个辅助桩，AC⊥BD，使望远镜瞄准辅助桩 A（此时水平角为 0°），向右转 45°，旋紧水平制动螺旋，

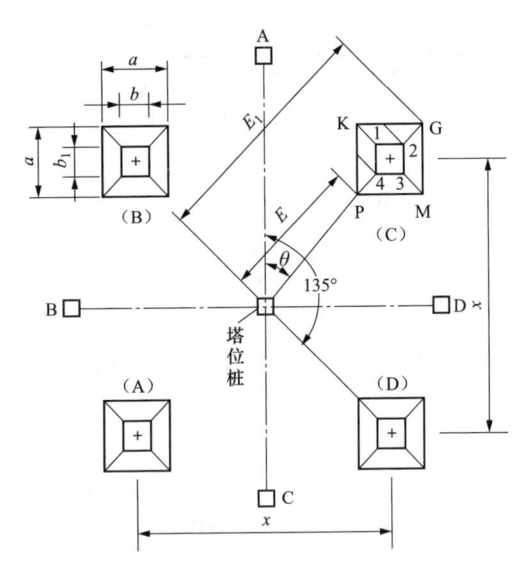

图 3-3　直线塔正侧面根开相等坑口相等的测定

沿视线方向量出 E、E_1 水平距离钉坑内、外角桩 P、G。在皮尺上取 $2a$ 长，将尺两端置于 P、G 桩上，将尺向外侧拉紧拉平，在尺的中点（即 $1a$ 处）处构成直角，分别折向两侧钉立 K、M 坑位桩，这样，就钉完了（C）坑的坑位桩。仪器依次测出水平角 135°、225°、315°，按上述方法测钉（D）、（A）、（B）各坑的坑位桩。分坑完毕后一定要检查基础根开、方向和高程是否符合设计。

（3）转角塔基础分坑。

如图 3-4 是个右转角塔，其转角度数为 θ，坑位测定的方法是，在 θ 角的二等分线上通过塔位桩测出两条互相垂直的线，以这两条互相垂直的线作为分坑的基准，其方法是将仪器安置在转角桩上，先检查转角度数是否符合设计要求，使水平角度数为 0°，望远镜瞄准线路转角方向桩（如箭头所示），按转角方向测出 $(180°-\theta)/2$ 角，沿视线方向钉 A 辅助桩（横担布置方向），倒转望远镜钉 C 辅助桩，再转 90°角沿视线方向钉出 B、D 辅助桩。而后按直线杆塔基础坑测定方法进行分坑。分坑完毕后一定要检查基础根开、方向、高程、塔位转角度数是否符合设计图纸。

27

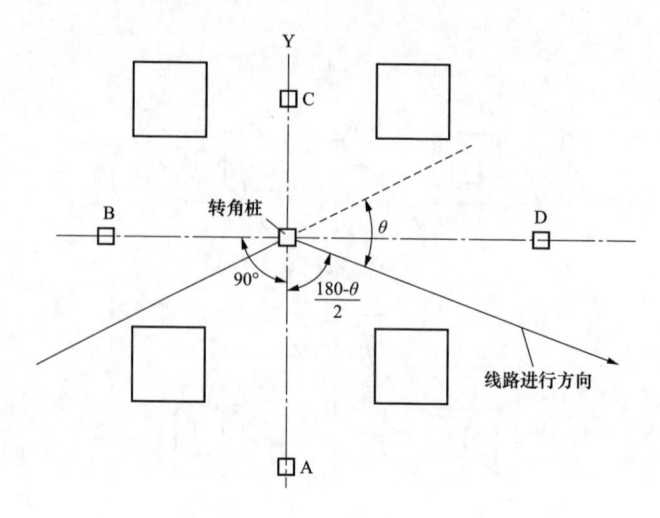

图 3-4 转角塔基础分坑

（4）挖孔桩分坑。

当设计为人工挖孔桩和掏挖式基础时，其分坑按以上流程操作，只要钉一个基坑中心桩就可以了。其他 4 个角桩不要钉，一定按设计根开值在桩顶钉好小钉子。分坑完毕后一定要检查基础根开、方向、高差是否符合设计图纸。如图 3-5 所示为挖孔桩分坑。

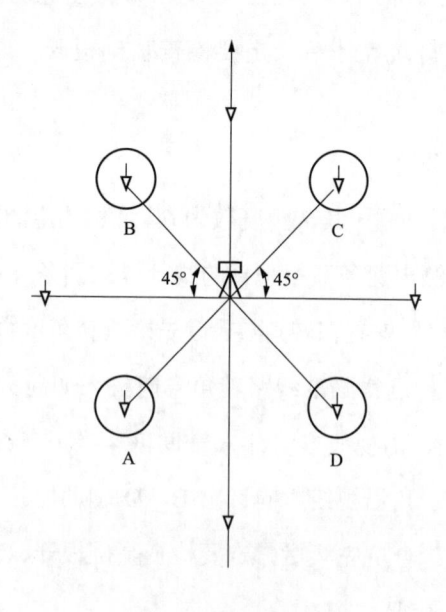

图 3-5 挖孔桩分坑

（二）考核要求

（1）理论考核。满分 100 分，题型有选择题、判断题、简答题或论述题，考试时间 30min，60 分合格。

（2）实操考核。具体考评标准见附件 3-1。

附件 3-1

直线塔基础分坑测量实际操作评分表

考生编号：　　　　　　　　　　姓名：　　　　　　　　年　　月　　日

试题名称	直线塔开挖式基础分坑测量			
评价工种	送电线路架设	评价等级	技师	考核限时	40min
考题描述	1. 考核能力项：输电线路的测量。 2. 评价模块名称：直线塔基础分坑测量。 3. 考题为实操类。 4. 能熟练对开挖式直线塔基础进行分坑测量				
任务布置	1. 考评员询问考生身体状态。 2. 考评员向考生交代本次考试需具体完成的任务、考核时长，询问考生任务是否明确。 3. 考生准备完毕，向考评员申请开始考试，考评员开始计时				

一、评分细则

考核内容	考核标准		限时	标准分
1.1　工作准备 （20分）	1.1.1	正确穿着工作服，佩戴安全帽		5
	1.1.2	准备测量工具		5
	1.1.3	对测量工具进行外观检查		5
	1.1.4	检查合格证及检定证书		10
1.2　工作过程 （40分）	1.2.1	检查确认塔位中心桩		20
	1.2.2	将三脚架调整至适当高度并初步架设在测站上方，脚架三只脚应大致成正三角形分布		10
	1.2.3	从经纬仪箱正确取出经纬仪		10
	1.2.4	将经纬仪安置在三脚架上并拧紧中心连接螺栓		10
	1.2.5	初步对中、将三脚架踩紧，整平	2min	20
	1.2.6	精确对中、整平及调整		
	1.2.7	测量并记录仪高		10
	1.2.8	在中心桩前、后侧适当位置钉立顺线路的辅助桩	3min	10
	1.2.9	在中心桩左、右侧适当位置钉立横线路的辅助桩		10

续表

考核内容	考核标准	限时	标准分
1.2 工作过程（40分）	1.2.10 根据基础施工图、根开及对角线尺寸、放坡系数计算坑口尺寸		20
	1.2.11 进行分坑，钉立基坑四个角桩		10
	1.2.12 测量每个基坑最远角桩顶面高差，计算并确定坑底距离角桩顶面高差		10
	1.2.13 操作时，双脚距离三脚架最小距离不应小于100mm；双脚不应跨在脚架上方		10
	1.2.14 经纬仪安置合格后，身体部位不应该碰触三脚架		10
1.3 成果工艺（30分）	1.3.1 光学对中时，十字丝不超出大圆圈；激光对中时，光斑不超过对中点		20
	1.3.2 整平时，长水准管水泡不超过半格		20
	1.3.3 分坑正确		20
	1.3.4 提交测量及计算记录		20
1.4 工作终结（10分）	1.4.1 测量完毕后，经纬仪正确装箱		10
	1.4.2 报告工作终结		5
	1.4.3 工完料尽场地清		5
二、否决项			
类别	否决标准		标准分
2.1 安全要求	2.1.1 违反《国网湖南省电力有限公司强化安全生产反违章工作的实施意见》（湘电安委办〔2022〕5号）中的违章界定50条（详见附件）		100
2.2 时间要求	2.2.1 未在考核限时内完成所有考核内容		100
2.3 文明考试	2.3.1 违反考试纪律		100
	2.3.2 有不文明用语，抽烟、吃槟榔等不文明行为，且态度恶劣，每次扣10分		10/次
三、补充扣分项（不超过10分）			
序号	扣分情况记录		标准分
3.1 说明	考评员在考评期间发现不在上述评分标准中但应该予以扣分的情况，可以进行补充扣分，所有补充扣分之和不超过10分		0~10

31

续表

四、考核所需设备、工器具、耗材					
类型	名称	型号	数量	备注	
材料	木桩		若干		
材料	钉子		若干		
工器具	经纬仪	J2	1		
工器具	三脚架		1		
工器具	钢卷尺	5m	1		
工器具	皮尺	30m	1		
工器具	塔尺	5m	1		
工器具	花杆	3m	4		
工器具	锤子	2P	1		
文具	科学计算器		1		
文具	画印笔		1		

备注：

1. 以上每项得分扣完为止。
2. 超过规定时间50%，考评人员可下令终止操作。
3. 工器具不符合作业条件考评人员可下令终止操作。

考评组长： 考评员： 作业人员签名：

4 高处作业（登塔、走线）实操培训项目

一、课程安排

高处作业（登塔、走线）培训项目计划 24 学时，培训内容包括安全培训、个人防护用品使用、登塔操作培训、线上作业等实操培训及考核。

二、培训对象

适宜新进厂员工。

三、培训目标

1．通过理论学习，了解高处作业（登塔、走线）的方式方法。
2．经过现场实际操作，熟练掌握高处作业（登塔、走线）方式方法要点。

四、培训内容

（一）安全培训

1．高处作业定义

按照 GB 3608《高处作业分级》的规定，凡在距坠落高度基准面 2m 及以上有可能坠落的高度进行的作业均称为高处作业，高处作业应有人监护。

2. 高处作业安全要点

（1）高处作业的人员，每年至少进行一次体检。患有不宜从事高处作业病症的人员，不得参加高处作业。

（2）高处作业人员应衣着灵便，穿软底鞋，并正确佩戴个人防护用具。

（3）高处作业时，作业人员应正确使用安全带。

（4）高处作业时，宜使用坠落悬挂式安全带，并应采用速差自控器等后备防护设施。安全带及后备防护设施应固定在构件上，应高挂低用。高处作业过程中，应随时检查安全带绑扎的牢固情况。

（5）安全带在使用前应检查是否在有效期内，是否有变形、破裂等情况，不得使用不合格的安全带。

（6）高处作业所用的工具和材料应放在工具袋内或用绳索拴在牢固的构件上，较大的工具应系保险绳。上下传递物件应使用绳索，不得抛掷。

（7）高处作业人员在攀登或转移作业位置时不得失去保护，杆塔上水平转移时应使用水平绳或设置临时扶手，垂直转移时应使用速差自控器或安全自锁器等装置。杆塔设计时应提供安全保护设施的安装用孔或装置。

（8）高处作业人员上下杆塔应沿脚钉或爬梯攀登，不得用绳索或拉线上下杆塔，不得顺杆或单根构件下滑或上爬。

（9）攀登无爬梯或无脚钉的电杆应使用登杆工具，多人上下同一杆塔时应逐个进行。

（10）高处作业区附近有带电体时，传递绳应使用干燥的绝缘绳。

（11）在霜冻、雨雪后进行高处作业，人员应采用防冻和防滑措施。

（12）在气温低于-10℃进行露天高处作业时，施工场所附近宜设取暖休息室，并采取防火和防止一氧化碳中毒措施。

（13）高处焊接作业时应采取措施防止安全绳（带）损坏。

3. 材料、机具准备

材料、机具准备见表4-1。

4 高处作业（登塔、走线）实操培训项目

表 4-1　　　　　　　　　　材料、机具准备

序号	名称	规格型号	单位	数量	备注
1	保安接地线				
2	攀登绳				
3	自锁器				
4	防坠落装置				
5	安全带				
6	安全帽				

（二）实操流程

1．工作准备

（1）个人安全保护（保安接地线、攀登绳、自锁器、防坠落装置、安全带、安全帽等）准备与检查，会正确使用个人安全保护用品。

（2）个人工具准备与检查。核对个人操作施工所需工机具，检查是否遗漏，核对线路名称、回路以及杆塔号。

2．登塔作业及准备

（1）安全要求：作业人员着装正确，个人安全保护使用正确，比如能正确使用攀登绳、自锁器、安全帽、安全带、个人保安接地线和速差保护器等。

（2）培训人员上塔，登塔基本功和熟练程度，逐步做到体型协调、上铁塔和横担的动作流畅，不胆怯，上下铁路不得失去保护。

（3）挂个人保安接地线正确使用速差保护器，下到导线上。

3．走线

（1）根据培训教官提供的出线数据，准备出线，安全带应拴在一根子导线上，到达要求位置。

（2）走（坐）线基本功练习：双手离开导线，稳定直立坐在导线上，更换坐线方向，稳定坐在导线导上或能顺利在导线上行走、巡视，反复练习，应做到熟练。

（3）走（坐）线回到铁塔横担上，拆除个人安保线接地线、防坠落装置，放下工具，顺利下塔。

五、考核要求

（1）理论考核。满分 100 分，题型有选择题、判断题、简答题或论述题，考试时间 60min，60 分合格。

（2）实操考核。按 1 人为一组分配，独立完成高处作业（登塔、走线）培训，操作时长 30min，60 分合格。具体考评标准见附件 4-1。

附件 4-1

高处作业（登塔、走线）实际操作评分表

考生编号：　　　　　　　　　　　姓名：　　　　　　　　　年　　月　　日

作业时间：30min	题型：实际操作	总分：100分
工作内容	走线	
作业方法	1. 正确选择个人安全保护器具（保安接地线、攀登绳、自锁器、防坠落装置、安全带、安全帽等）以及工机具。 2. 核对线路名称、回路以及杆塔号。 3. 正确使用安全器具登塔，在四分裂导线上走线	

序号	项目	要求	评分标准	配分	扣分原因	得分
1	工作准备					
1.1	个人安全保护（保安接地线、攀登绳、自锁器、防坠落装置、安全带、安全帽等）准备与检查	准备与检查	每漏一项扣1~2分	15		
1.2	个人工具准备与检查	准备与检查	未检查扣1~4分			
1.3	核对线路名称、回路以及杆塔号	核对正确	未核对线路名称、回路以及杆塔号不计分			
2	登塔作业及准备					
2.1	安全要求：作业人员着装正确，个人安全保护（安全带、安全帽等）准备	准备与检查	不正确扣1~2分	30		
2.2	安全要求：速差保护器准备	准备与检查	不正确扣1~2分			
2.3	作业人员登塔熟练程度	熟练、灵活、轻巧	不正确扣1~2分			
2.4	正确使用攀登绳、自锁器、安全帽、安全带	安全、正确	不正确扣1~2分			
2.5	设置个人保安接地线	正确、安全、牢靠	不正确扣2分			

37

续表

序号	项目	要求	评分标准	配分	扣分原因	得分
3	走线					
3.1	检查金具串的螺栓、销钉安装情况	牢固可靠	不正确扣1~3分	40		
3.2	安全带应拴在一根子导线上,长保险与防坠落装置挂在不同子导线上,做好出线准备	位置正确	不正确扣1~3分			
3.3	出线行走和熟练程度	动作熟练	不正确扣1~3分			
3.4	出线行走检查导线、间隔棒以及接续管安装情况,做好记录	操作符合要求	不正确扣1~3分			
3.5	按考题要求行走到规定塔位	操作符合要求	不正确扣1~3分			
3.6	拆除个人安保线接地线、防坠落装置	操作安全规程要求	不正确扣1~3分			
3.7	放下工具,下塔	操作符合要求	不正确扣1~3分			
4	其他要求					
4.1	动作要求	动作熟练流畅	不熟练扣1~4分	15		
4.2	着装要求	着装正确	漏一项扣2分			
4.3	时间要求	按时完成	每超过2min倒扣1分			
	总分			100		

备注:
1. 以上每项得分扣完为止。
2. 超过规定时间50%,考评人员可下令终止操作。
3. 出现重大人身、器材和操作安全隐患,考评人员可下令终止操作。
4. 设备、作业环境、安全带、安全帽、工器具等不符合作业条件考评人员可下令终止操作。

考评组长: 考评员: 作业人员签名:

5 挂设接地线实操培训项目

一、课程安排

挂设接地线培训项目计划 16 学时，培训内容包括安全培训、验电及挂设接地线实操培训及考核。

二、培训对象

适宜新进厂员工。

三、培训目标

（1）通过理论学习，了解挂设接地线的原理。

（2）经过现场实际操作，熟练掌握验电、接地线的挂设工作要点。

四、培训内容

（一）安全培训

1．停电作业

（1）停电作业前，施工单位应根据停电作业内容按照 Q/GDW 1799.2《国家电网公司电力安全工作规程　线路部分》执行现场勘察制度。根据现场勘察的结果，制定停电作业跨越施工方案。

（2）施工单位应向运维单位提交书面申请和跨越施工方案。经运维单位审查同意后，应由所在运维单位按 Q/GDW 1799.2 规定签发电力线路第一种工作票，并履行工作许可手续。

（3）工作负责人在接到已停电许可作业后，应首先安排人员进行验电。验电时，应使用相应电压等级且检验合格的接触式验电器。验电前进行验电器自检，且应在确知的同一电压等级带电体上试验，确定验电器良好后方可使用。验电应戴绝缘手套在装设接地线或合接地开关（装置）处对各相分别进行。验电应设专人监护。同杆塔架设有多回电力线时，应先验低压、后验高压、先验下层、后验上层。

（4）挂拆工作接地线应遵守下列规定：

1）验明线路确无电压后，作业人员按照工作票上接地线布置的要求，立即挂工作接地线。凡有可能送电到作业地段内线路的分支线也应挂工作接地线。

2）同杆架设有多层电力线时，应先挂低压、后挂高压、先挂下层、后挂上层。工作负责人应检查确认所有工作接地均已挂设完成后方可开始作业。

3）若有感应电压反映在停电线路上时，应在作业范围内加挂工作接地线。在拆除工作接地线时，应防止感应电触电。

4）在绝缘架空地线上作业时，应先将该架空地线接地。接地线连接应可靠，不得缠绕。拆除时的顺序与此相反。

5）装、拆工作接地线导线端时，作业人员均应使用绝缘棒或绝缘绳，人体不得碰触接地线。

（5）作业间断或过夜时，作业段的全部工作接地线应保留。恢复作业前，应检查接地线是否完整、可靠。

（6）作业结束，工作负责人应对现场进行全面检查，待全部作业人员和所用的工具、材料撤离杆塔后，方可命令拆除停电线路上的工作接地线。

（7）作业结束后，工作负责人应报告工作许可人，报告的内容如下：工作

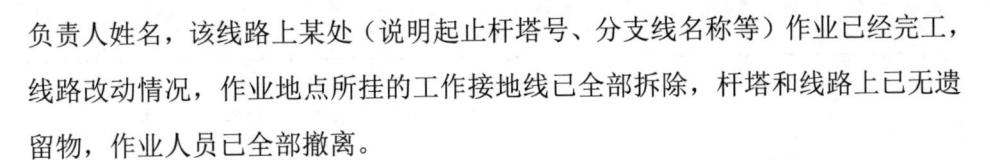

负责人姓名，该线路上某处（说明起止杆塔号、分支线名称等）作业已经完工，线路改动情况，作业地点所挂的工作接地线已全部拆除，杆塔和线路上已无遗留物，作业人员已全部撤离。

（8）在未接到停电许可作业命令前，任何人不得接近带电体。

（9）工作接地一经拆除，该线路即视为带电，任何人不得再登杆塔进行任何作业。

2．安全距离

在带电杆塔上临近体作业时，人体与带电线路及其他带电体之间的最小安全距离应符合表5-1的规定。

表5-1　在带电线路杆塔上作业与带电线路及其他带电体的最小安全距离

电压等级 （kV）	安全距离 （m）	电压等级 （kV）	安全距离 （m）
交流			
10及以下	0.7	330	4.0
20、35	1.0	500	5.0
66、110	1.5	750	8.0
220	3.0	1000	9.0
直流			
±400	7.2	±660	9.0
±500	6.8	±800	10.1
±1100	17.0		

（二）材料、机具准备

材料、机具准备见表5-2。

表5-2　　　　　　　　　材料、机具准备

序号	名称	规格型号	单位	数量	备注
1	攀登绳				
2	攀登自锁器				

续表

序号	名称	规格型号	单位	数量	备注
3	速差自控器				
4	全方位安全带				
5	安全帽				
6	验电器				
7	接地线				
8	滑车				
9	吊绳				

（三）实操流程

1．工作准备

（1）个人安全保护（攀登绳、攀登自锁器、速差自控器、全方位安全带、安全帽等）准备与检查，会正确使用个人安全保护用品。

（2）个人工具准备与检查。核对个人操作施工所需工机具，检查是否遗漏，核对线路名称、回路以及塔号。

2．登塔作业及准备

（1）安全要求：作业人员着装正确，个人安全保护使用正确，比如能正确使用攀登绳、攀登自锁器、安全帽、全方位安全带、速差自控器等。

（2）培训人员上塔，登塔基本功和熟练程度，逐步做到动作协调、上铁塔和横担的动作流畅，不胆怯，上下铁塔不得失去保护。

（3）到达合适位置，系好双保险。

3．验电

按照安规要求正确使用验电器，逐相进行验电，确定有无电压。

4．挂设接地线

（1）安装接地线，先接接地端，后接导线端，接地线应接触良好、连接可靠。

（2）装接地线时，人体不准碰触未接地的导线。

（3）接地线应使用专用的线夹固定在导体上，禁止用缠绕的方式进行接地或短路。

五、考核要求

（1）理论考核。满分100分，题型有选择题、判断题、简答题或论述题，考试时间60min，60分合格。

（2）实操考核。按1人为一组分配，独立完成接地线挂设培训，操作时长30min，60分合格。具体考评标准见附件5-1。

附件 5-1

挂设接地线实际操作评分表

考生编号：　　　　　　　　　姓名：　　　　　　　　年　　月　　日

作业时间：30min	题型：实际操作	总分：100分
工作内容	挂设接地线	
作业方法	1. 正确选择个人安全保护器具（保安接地线、攀登绳、自锁器、防坠落装置、安全带、安全帽等）以及工机具。 2. 核对线路名称、回路以及杆塔号。 3. 正确使用安全器具登塔，正确使用验电器验电。 4. 正确挂设接地线	

序号	项目	要求	评分标准	配分	扣分原因	得分
1	工作准备					
1.1	个人安全保护（保安接地线、攀登绳、自锁器、防坠落装置、安全带、安全帽等）准备与检查	准备与检查	每漏一项扣1～2分	15		
1.2	个人工具准备与检查	准备与检查	未检查扣1～4分			
1.3	核对线路名称、回路以及杆塔号	校对正确	未核对线路名称、回路以及杆塔号不计分			
2	登塔作业及准备					
2.1	安全要求：作业人员着装正确，个人安全保护（安全带、安全帽等）准备	准备与检查		20		
2.2	安全要求：速差自按器准备	准备与检查	不正确扣1～2分			
2.3	作业人员登塔熟练程度	熟练、灵活、轻巧	不正确扣1～2分			
2.4	正确使用攀登绳、自锁器、安全帽、安全带	安全、正确	不正确扣1～2分			
2.5	设置个人保安接地线	正确、安全、牢靠	不正确扣2分			

5 挂设接地线实操培训项目

续表

序号	项目	要求	评分标准	配分	扣分原因	得分
3	验电			30		
3.1	正确使用验电器	使用正确	不正确扣 5~10 分			
3.2	验电应逐相进行	按要求验电	不正确扣 5~10 分			
4	挂设接地线			20		
4.1	安装接地线,先接接地端,后接导线端,接地线应接触良好、连接可靠	操作安全规程要求	不正确扣 5~10 分			
4.2	装接地线时人体不准碰触接地的导线	不准碰触	不正确扣 5~10 分			
4.3	同杆塔架设的多层电力线路,应先拆高压、后拆低压;先拆上层、后拆下层;先拆远侧,后拆近侧	操作安全规程要求	不正确扣 5~10 分			
5	其他要求			15		
5.1	场地清理	工完料尽场地清	遗留 1 件扣 1~4 分			
5.2	时间要求	按时完成	每超过 2min 倒扣 1 分			
	总分			100		

备注:

1. 以上每项得分扣完为止。
2. 超过规定时间 50%,考评人员可下令终止操作。
3. 出现重大人身、器材和操作安全隐患,考评人员可下令终止操作。
4. 设备、作业环境、安全带、安全帽、工器具等不符合作业条件考评人员可下令终止操作。

考评组长: 　　　　　考评员: 　　　　　作业人员签名:

45

6 间隔棒安装实操培训项目

一、课程安排

间隔棒安装培训项目计划 20 学时，培训内容包括安全培训、间隔棒安装操作流程理论培训（含前期作业准备、间隔棒安装操作全流程工序等）、间隔棒安装实操培训、考核。

二、培训对象

适宜新进厂员工。

三、培训目标

（1）通过理论学习，了解间隔棒安装的原理。
（2）经过现场实际操作，熟练掌握间隔棒安装的工作要点。

四、培训内容

（一）前期准备
1. 工艺标准
分裂导线的间隔棒的结构面应与导线垂直，杆塔两侧第一个间隔棒的安装距离允许偏差应为端次档距的±1.5%,其余不超过档距的±3%。各相间隔棒宜处于同一竖直面。

2．施工要点

(1) 间隔棒安装前应进行检查,型式应符合设计要求,不合格严禁使用。

(2) 间隔棒的结构面应与导线垂直,相间的间隔棒应在导线的同一竖直面上,安装距离应符合设计要求。引流线间隔棒的结构面应与导线垂直,其安装位置应符合设计要求。

(3) 各种螺栓、销钉穿向应符合规范要求,螺栓紧固扭矩应符合该产品说明书要求。

(4) 金具上所用开口销和闭口销的直径必须与孔径相配合,且弹力适度,开口销和闭口销不应有折断和裂纹等现象,当采用开口销时应对称开口,开口角度应为60°~90°,不得用线材和其他材料代替开口销和闭口销。

(5) 间隔棒夹口的橡胶垫应安装紧密、到位。

(6) 间隔棒安装位置遇有接续管或补修金具时,应在安装距离允许误差范围内进行调整,使其与接续管或补修金具间保持0.5m以上距离,其余各相间隔棒与调整后的间隔棒位置保持一致。

3．工机具及材料准备

工机具及材料准备见表6-1。

表6-1　　　　　　　　工机具及材料准备

序号	名称	规格型号	单位	数量	备注
1	保安接地线		副	1	
2	攀登绳		根	1	
3	自锁器		个	1	
4	防坠落装置		个	1	
5	安全带		副	1	
6	安全帽		个	1	

续表

序号	名称	规格型号	单位	数量	备注
7	间隔棒		个	10	
8	吊绳		根	1	
9	绝缘测绳		根	1	
10	个人工具		套	1	

(二)培训内容

1．安全要求

(1)作业人员着装正确，个人安全保护使用正确，比如能正确使用攀登绳、自锁器、安全帽、安全带、个人保安接地线和速差保护器等。

(2)操作人员上塔，登塔基本功和熟练程度，逐步做到动作协调、上铁塔和横担的动作流畅，不胆怯，上下铁塔不得失去保护。

2．操作方法和步骤

(1)根据设计提供的间隔棒的安装距离，用绝缘测绳由直线塔的悬垂位置测量第一只间隔棒的位置，并在导线上划印出线。

(2)安全带应拴在一根子导线上，到达间隔棒安装位置，利用小滑车和小吊绳将间隔棒吊到安装部位，取下间隔棒上的胶管，在导线划印点位置安装。

(3)注意间隔棒的安装方向：①间隔棒整体安装方向；②子导线夹头的方向。

(4)间隔棒整体安装方向：由直线塔至耐张转角塔。子导线夹头的方向：由外向内。

(5)先在上线安装夹头，按规定穿入夹头螺栓、垫片等，螺栓稍紧后安装下线夹头，按规定穿入夹头螺栓、垫片等，螺栓稍紧调整间隔棒方向，夹头螺栓紧固。

(6)间隔棒安装后检查其与压接管(或补修管)的位置是否符合规范要求。

(7)用速差保护器上到铁塔横担上拆除个人保安接地线，放下工具，下塔。

五、考核要求

（1）理论考核。满分 100 分，题型有选择题、判断题、问答题或论述题，考试时间 60min，60 分合格。

（2）实操考核。要求单独操作，杆塔下设监护 1 人，配合 1 人，操作时长 30min，60 分合格。具体考评标准见附件 6-1。

附件 6-1

间隔棒安装考评标准

考生编号：　　　　　　　　　姓名：　　　　　　　年　　月　　日

考核时限	30min	标准分	100分
开始时间		结束时间		时长	
试题名称	导线间隔棒的操作			
需要说明的问题和要求	1. 要求单独操作，杆下设一人监护，一人配合。 2. 着装正确（穿工作服、工作胶鞋、戴安全帽）			
工具、材料、设备、场地	1. 在线路上操作。 2. 工具材料准备。 3. 个人工具			

评分标准	序号	项目名称	质量要求	满分	得分
	1	材料选择准备就绪	正确	5	
	2	登杆		5	
		（1）整理吊绳，登杆。 （2）正确使用安全带。 （3）登杆基本功和熟练程度	动作正确，灵活、轻巧，带吊绳		
	3	操作方法和步骤		30	
		（1）正确使用安全带。 （2）沿绝缘子下至导线。 （3）出导线至工作点。 （4）量出安装尺寸，做好印记。 （5）缠绕铝包带。 （6）吊材料上杆动作熟练。 （7）安装间隔棒。 （8）按规定拧紧螺栓	操作正确，尺寸正确		
	4	技术规范和工艺要求	达到技术要求	40	
		（1）铝包带应紧密缠绕，其方向应与外层铝股的绞制方向一致。 （2）所缠铝包带可以露出夹口，但不应超过10mm，其端头应回夹于夹内压住。 （3）螺栓穿向：两边线由内向外穿，中线由左向右穿。 （4）安装距离偏差不应大于±30mm。 （5）间隔棒应与地面垂直			

6 间隔棒安装实操培训项目

续表

	序号	项目名称	质量要求	满分	得分
评分标准	5	着装正确	应穿工作服、工作胶鞋，戴安全帽	5	
	6	操作动作	熟练流畅	5	
	7	按时完成	在规定时间内完成下杆至地面	5	
	8	杆上不得掉东西	按《安规》要求操作	5	
	总分				

备注：

1. 以上每项得分扣完为止。
2. 超过规定时间50%，考评人员可下令终止操作。
3. 出现重大人身、器材和操作安全隐患，考评人员可下令终止操作。
4. 设备、作业环境、安全带、安全帽、工器具等不符合作业条件考评人员可下令终止操作。

考评组长：　　　　　　考评员：　　　　　　作业人员签名：

7 防振锤安装实操培训项目

一、课程安排

防振锤安装培训项目计划 24 学时，培训内容包括安全培训、防振锤安装操作流程理论培训（含前期作业准备、接地绝缘电阻表使用及操作全流程工序等）、防振锤安装实操培训及考核。

二、培训对象

适宜新进厂员工。

三、培训目标

（1）通过理论学习，了解防振锤安装的原理。

（2）经过现场实际操作，熟练掌握防振锤安装的工作要点。

四、培训内容

（一）前期准备

1. 场地准备

防振锤安装工位 3～5 个，有导线塔位。

2．工机具及材料准备

工机具及材料准备见表7-1。

表7-1　　　　　　　　　　工机具及材料准备

序号	名称	规格型号	单位	数量	备注
1	小型货架	1.5m×0.5m×1.9m	个	1	
2	吊绳	$\phi 16 \times 60m$	根	1	
3	扳手	10寸、12寸	把	2	
4	钳子		把	1	
5	滑车	3t	个	1	
6	安全带		副	1	
7	防振锤		个	1	
8	铝包带		m	2	

（二）培训内容

1．准备工作

（1）材料选择及检查。

（2）工器具选择及检查。

（3）个人防护用品选择及检查。

2．登塔

（1）整理吊绳，登塔。

（2）正确使用安全带。

（3）登塔基本功训练。

3．操作流程

（1）正确使用安全带。

（2）沿绝缘子下至导线。

（3）出导线至工作点。

（4）量出安装尺寸，做好印记。

（5）缠绕铝包带。

（6）吊材料上塔动作熟练。

（7）安装防振锤。

（8）按规定拧紧螺栓。

3．质量要求

（1）铝包带应缠绕紧密，缠绕方向应与外层铝股的绞制方向一致。

（2）所缠铝包带应露出线夹，但不应超过 10mm，其端头应回缠绕于线夹内压住。设计有要求时，应按设计要求执行。

（3）螺栓穿向：两边线由内向外穿，中线由左向右穿。

（4）安装距离偏差不应大于±30mm。

（5）防振锤应与地面垂直。

4．防振锤安装示意图

防振锤安装示意图见图 7-1。

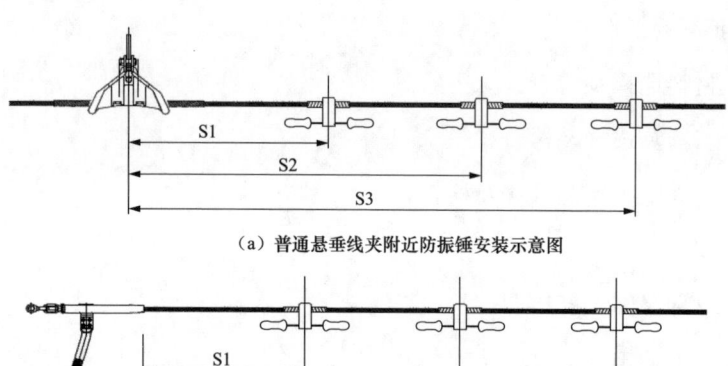

（a）普通悬垂线夹附近防振锤安装示意图

（b）普通耐张线夹附近防振锤安装示意图

（c）（单、双）悬垂线夹防振锤安装距离示意图

图 7-1 防振锤安装示意图（一）

（d）耐张线夹防振锤安装距离示意图

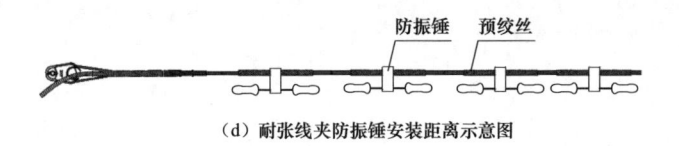

图 7-1　防振锤安装示意图（二）

五、考核要求

（1）理论考核。满分 100 分，题型有选择题、判断题、简答题或论述题，考试时间 60min，60 分合格。

（2）实操考核。一人单独操作，杆下设一人监护，一人配合，操作完成一个防振锤安装，操作时长 30min，60 分合格。具体考评标准见附件 7-1。

附件 7-1

防振锤安装考评标准

考生编号：　　　　　　　　姓名：　　　　　　　　年　月　日

考核时限	30min		标准分	100 分
开始时间		结束时间	时长	
试题名称	220kV 输电线路直线杆上安装导线防振锤的操作			
需要说明的问题和要求	1．要求单独操作，杆下设一人监护，一人配合。 2．着装正确（穿工作服、工作胶鞋、戴安全帽）			
工具、材料、设备、场地	1．在线路上操作。 2．工具材料准备。 3．个人工具			

	序号	项目名称	质量要求	满分	得分
评分标准	1	材料选择准备就绪	正确	5	
	2	登杆 （1）整理吊绳，登杆。 （2）正确使用安全带。 （3）登杆基本功和熟练程度	动作正确,灵活、轻巧,带吊绳	5	
	3	操作方法和步骤 （1）正确使用安全带。 （2）沿绝缘子下至导线。 （3）出导线至工作点。 （4）量出安装尺寸，做好印记。 （5）缠绕铝包带。 （6）吊材料上杆动作熟练。 （7）安装防振锤。 （8）按规定拧紧螺栓	操作正确，尺寸正确	30	
	4	技术规范和工艺要求 （1）铝包带应紧密缠绕，其方向应与外层铝股的绞制方向一致。 （2）所缠铝包带可以露出夹口，但不应超过 10mm，其端头应回夹于夹内压住。 （3）螺栓走向：两边线由内向外穿，中线由左向右穿。 （4）安装距离偏差不应大于±30mm。 （5）防振锤应与地面垂直	达到技术要求	40	

7 防振锤安装实操培训项目

续表

	序号	项目名称	质量要求	满分	得分
评分标准	5	着装正确	应穿工作服、工作胶鞋，戴安全帽	5	
	6	操作动作	熟练流畅	5	
	7	按时完成	在规定时间内完成下杆至地面	5	
	8	杆上不得掉东西	按《安规》要求操作	5	
	总分				

备注：
1. 以上每项得分扣完为止。
2. 超过规定时间50%，考评人员可下令终止操作。
3. 出现重大人身、器材和操作安全隐患，考评人员可下令终止操作。
4. 设备、作业环境、安全带、安全帽、工器具等不符合作业条件考评人员可下令终止操作。

考评组长：　　　　　考评员：　　　　　作业人员签名：

8 液压压接机实操培训项目

一、课程安排

液压压接机操作培训项目计划20学时，培训内容包括安全培训、液压压接机操作理论培训（含前期作业准备、设备识别、操作方式及保养维护等）、液压压接机实操培训及考核。

二、培训对象

适宜新进厂员工。

三、培训目标

（1）通过理论学习，了解液压压接机工作原理。
（2）经过现场实际操作，熟练掌握液压压接机操作及工作要点。
（3）掌握液压压接机故障分析与维护保养。

四、培训内容

（一）液压压接机构造原理

液压压接机适用于输电线路施工和线路新建、扩建、改建中导线（地线）

接头的连接和导线（地线）补强压接。液压压接机由压钳和高压液压泵站两部分组成，两者之间用带卡套式管接头的高压油管连接。液压钳按不同的钢芯铝绞线和镀锌钢绞线配备不同规格的液压钢模，钢模的材料为合金工具钢。目前输电线路施工常用的液压钳按出力可分为 125t 级、200t 级和 300t 级三种。

（二）液压钳技术参数

YJC 系列液压钳技术参数见表 8-1，液压钳结构尺寸见图 8-1，压模示意见图 8-2。

表 8-1　　　　　　　　　　　　YJC 系列液压钳

型号	输出力（kN）	额定工作压力（MPa）	活塞行程（mm）	压接范围（压接管外径，mm）	质量（kg）
YJC1250	1250	80MPa	25	钢：$\phi14$-$\phi32$ 铝：$\phi20$-$\phi60$	40
YJC2000	2000	80MPa	30	钢：$\phi14$-$\phi35$ 铝：$\phi20$-$\phi70$	80
YJC3000	3000	80MPa	52	钢：$\phi14$-$\phi55$ 铝：$\phi20$-$\phi110$	210

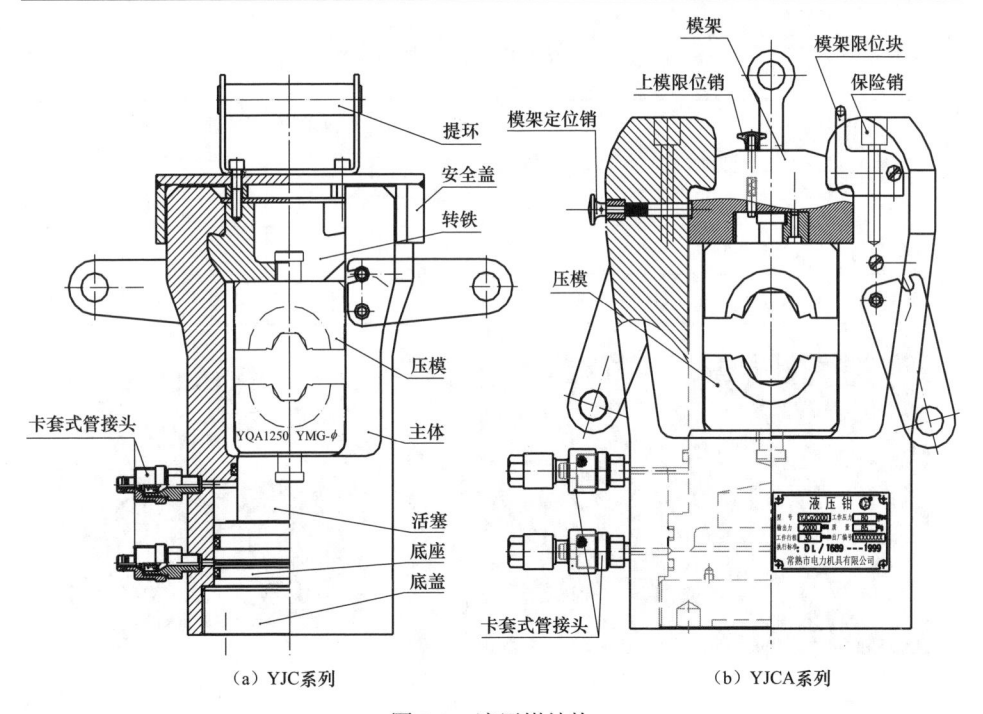

(a) YJC 系列　　　　(b) YJCA 系列

图 8-1　液压钳结构

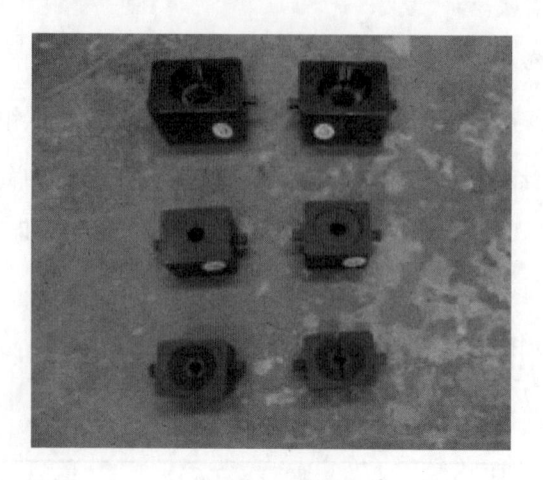

图 8-2　压模

（三）超高压液压泵

超高压液压泵是适用于电力线路施工中导线、钢绞线接续和补强压接时与导线压接机配套使用的动力源，具有重量轻、性能稳定、操作维修方便、使用安全可靠等特点，技术参数见表 8-2，液压机示意见图 8-3。

表 8-2　　　　　　　　　　　YBC 系列液压泵

型号	配置动力	功率	额定输出压力（MPa）	最高输出压力（MPa）	额定流量（L/min）高压	额定流量（L/min）低压	质量（kg）
YBC-II-jq	汽油机（罗宾 EY20）	5.0（HP）	80	94	1.6	—	55.0
YBC-III-jq	汽油机（本田 GX160）	5.5（HP）	80	94	2.05	11.02	56.0

图 8-3　液压机

(四)材料、机具准备

材料、机具准备见表 8-3。

表 8-3　　　　　　　　　　材料、机具准备

序号	名称	规格型号	单位	数量	备注
1	液压压接机		台	1	
2	液压钳		台	1	
3	压模		套	2	
4	汽油	92 号	L	若干	

(五)安全培训

(1)操作人员必须经培训合格并发证后方可操作该设备。

(2)泵站在运转之前,首先要检查液压油、发动机机油是否充足,各活动部件连接是否可靠、完整。

(3)泵站启动前,应调松三角皮带,使换向阀在中位回油状态,旋松放气加油螺钉,即可运行;启动以后,调整三角带的松紧,即可工作。

(4)保证液压管两端接头清洁,衔接液压管路后,要用力将胶管向外拉拨,确认管路连接可靠。

(5)应根据压接管外径及金属材料选妥压模。

(6)待液压泵站工作以后,首先操作换向阀,使液压钳活塞空载上下运行几个行程,观察各部件运行正常后,再开始压接。

(7)压接时,压钳的缸体应垂直放置,并放置平稳。

(8)液压钳活塞复位下降时,一般所需压力为 5MPa,当复位压力升到 10～20MPa 时,活塞不能上升或下降就立即停止工作并检查。

(9)安全阀为常闭型安全阀,起保险作用,正常工作时不允许拆除或随意调整。

(10)泵站的高输出压力不允许长时间使用。

（六）实操流程

1．操作前的准备工作

（1）应检查电源电压与电动泵额定电压相符，电动泵应接地完好无脱落，电源配电箱必须配有剩余电流动作保护器。

（2）应检查燃油的质量及数量符合内燃机说明书的规定。

（3）检查超高压液压泵（液压压接机）及液压压接钳各部连接应可靠，机体无变形及裂缝，活动零部件转动应灵活。

（4）检查高压油泵的高压软管应无损坏及渗漏，连接可靠，弯曲半径不小于200mm，高压油管与液压钳用的卡套式管接头连接可靠，安全保护罩应齐全牢靠，放下通气塞，从箱体侧面圆形视窗检查液压油油面，油面在窗口位置2cm左右为佳（即油面覆盖窗口7～9成）。

（5）换向阀手柄应处中位。

（6）根据导地线的金具规格及压接钳的型号选定模具，清除模腔内的污物。

（7）安装模具：YJCA型导线压接钳，拉出上模限位销，扳转模架限位块，取出模架，在压接钳腔内放入模具，另一模具嵌入在模架上，然后将模架放进上腔（有一凹坑的在定位销侧）拉出模架定位销，使模架到位后再扳转模架限位块即可。取出模具时，将上模限位销往上拔起后将模具取出。

YJC型压接钳将转铁旋转90°，取下转铁，在压接钳腔内放入模具，然后装入转铁，腔内旋转90°即可。

2．操作中

（1）启动发动机使其怠速运转3min（冬季可以延长，新机器怠速30min以上）。

（2）扳动换向阀几次，确定各部件无异常现象，然后将换向阀手柄处于中位，使液压钳活塞复位。按安装模具的程序，把待压金具放入模腔，操作换向阀手柄使活塞上升，直至上下模完全咬合，此时压力表显示压力为80MPa。应即扳动换向阀手柄使活塞下降，待压力表显示压力为15MPa时把换向阀手柄扳至中位。

（3）不能随意调高安全阀的开启压力，按标牌上的额定压力调节，绝不允许调至最高压力。

（4）压接结束时将换向阀手柄置于中位，使活塞复位，关闭发动机或电源。

（5）操作过程中如发生故障或异常时，必须先将液压系统卸压使压接钳活塞复位，再停机，经检修并确认故障或异常已排除的情况下方能重新开机使用。

3．操作后

（1）拨起通气塞并旋转90°，拆下模具和高压管，将其清理干净，将接头用保护罩密封。

（2）清洁液压导线压接机（液压泵、压接钳）其他各部件，清理作业环境。

（七）维护保养与故障排除

1．液压油的选择

（1）在液压传动中，它的工作介质就是液压油，所以说液压系统能否可靠、有效地工作，在很大程度上取决于系统中所用的液压油。

（2）在液压系统中，液压油的优劣对于液压元件的使用情况及使用寿命起着决定性的作用，因此，根据我国现有的通用液压油，优先选用了N32#抗磨液压油。

2．液压油的污染及防污染措施

（1）液压油的污染常常是系统中发生故障的主要原因，因此，液压油的正确使用、管理和防污染是保证液压系统正常可靠工作的重要方面，必须给予重视。

（2）根据多年来的实践证明，液压系统中故障的75%～80%多与液压油的污染有关。

3．液压油污染的危害

（1）所谓液压油的污染是指工作油液中水、空气、固体硬质性物以及橡胶状黏着物的进入。

（2）水和空气进入液压系统后，会使油液乳化、零件空蚀，形成系统的振

63

动、噪声、发热和爬行等故障。

（3）固体硬物质和橡胶状黏着物的进入会堵塞系统通路、卡住滑阀、磨损零件，造成更为明显的不良后果。

4．引起液压油污染的原因

（1）空气污染油液。

（2）水污染油液。主要是潮湿的空气侵入所造成。

（3）固体物的污染油液。这些物质主要来源于加工和装配中的切屑、污垢焊渣、砂土、泵和阀的磨损粉末、油箱中不断冲刷下来的金属微粒，注油口、油箱顶扳及各不良密封处落入的杂质，橡胶件的磨损物及油漆脱落物等，以上种种原因都有可能引起油液的污染。

5．如何防止工作油液的污染

既然产生污染就要想办法防止污染，由于工作油液自身也在不断地制造脏物，要解决污染问题确实困难，但是总可以采取一定的措施，使油液的污染得到部分解决。

（1）在装配工作中要彻底清洗零部件，要采用洁净的煤油，不要用易掉飞毛的棉纱等工具做清洗工作，密封件要合格无毛刺、无飞边，装配后必须再次对整个系统进行认真清洗。特别是在工作现场进行修理装配时，一定要注意清洁。

（2）在液压传动系统中采用过滤器是控制污染的主要手段，因此，要特别注意合理选用过滤器。

五、考核要求

（1）理论考核。满分 100 分，题型有选择题、判断题、简答题或论述题，考试时间 30min，60 分合格。

（2）实操考核。按 4 人为一组分配，操作完成一组液压压接机吊装，操作时长 30min，60 分合格。具体考评标准见附件 8-1。

附件 8-1

液压压接机使用实际操作评分表

考生编号：　　　　　　　　　　姓名：　　　　　　　年　　月　　日

作业时间：30min	题型：实际操作	总分：100 分
工作内容	液压压接机使用	
作业方法	1. 根据题意正确选择工器具。 2. 安装液压泵与液压钳。 3. 选择压模进行试压	

序号	项目	要求	评分标准	配分	扣分原因	得分
1	检查液压压接机			15		
1.1	液压压接机放平	液压机及液压钳摆放平稳	不平稳扣 3～5 分			
1.2	检查机油、汽油	机油油面合格,汽油够用	一项不检查扣 3 分			
1.3	检查液压管及压力表	液压管连接可靠,压力表达到规范压力值	不正确扣 2～4 分			
2	空载试验			20		
2.1	采用液压管连接液压钳与液压机	操作正确	不正确扣 3～5 分			
2.2	空载试验,启动液压机,空转	操作正确	不正确扣 3～5 分			
2.3	3～5min,操作换向杆往复数次,检查液压钳是否正确动作	操作正确	不正确扣 3～5 分			
2.4	检查液压系统有无阻塞,液压钳及液压管是否有泄漏	操作正确	不正确扣 3～5 分			
3	荷载试验			25		
3.1	模具检查	根据接续管规格选择压模	不正确扣 3～5 分			

65

续表

序号	项目	要求	评分标准	配分	扣分原因	得分
3.2	安装压模后	在压力 20~30MPa 条件下使用百分表测量压模合模后任意对边距	不正确扣 3~5 分	25		
3.3	在额定压力下合模 3~5s	无渗油、漏油	不正确扣 3~5 分			
3.4	检查液压表	能够达到 80MPa	不正确扣 5~10 分			
4	工作结束					
4.1	操作换向杆,将油缸置于中间位置	操作正确	不正确扣 5~10 分	20		
4.2	拆除液压管路,并对管路采取防尘防液压油泄漏措施	操作正确	不正确扣 5~10 分			
5	其他要求					
5.1	动作要求	动作熟练流畅	不熟练扣 1~4 分	20		
5.2	技术要求	熟悉液压机各部件功能	不正确扣 1~2 分			
5.3	时间要求	反应迅速按时完成	每超过 2min 扣 1 分			
	总分			100		

备注:

1. 以上每项得分扣完为止。
2. 超过规定时间 50%,考评人员可下令终止操作。
3. 出现重大人身、器材和操作安全隐患,考评人员可下令终止操作。
4. 设备、作业环境、安全带、安全帽、工器具等不符合作业条件考评人员可下令终止操作。

考评组长: 　　　　　　考评员: 　　　　　　作业人员签名:

机动绞磨实操培训项目

一、课程安排

机动绞磨操作培训项目计划20学时，培训内容包括安全培训、机动绞磨操作理论培训（含前期作业准备、设备识别、操作方式及保养维护等）、机动绞磨实操培训及考核。

二、培训对象

适宜新进厂员工。

三、培训目标

（1）通过理论学习，了解机动绞磨工作原理。
（2）经过现场实际操作，熟练掌握机动绞磨操作及工作要点。
（3）掌握绞磨故障分析与维护保养。

四、培训内容

（一）机动绞磨构造原理

机动绞磨是一种在无电源的情况下，作为牵引、起重机械，以适应山区、野外施工需要的产品，适用于电力线路施工中的杆塔组立、放紧线及其他起重作业。

1．特点

机动绞磨具有体积小，质量轻，牵引力大，操作简单等特点。

2．结构

机动绞磨由发动机、离合器、变速箱（带制动器）、磨芯等部分组成。CJM-3机动绞磨结构图见图9-1。

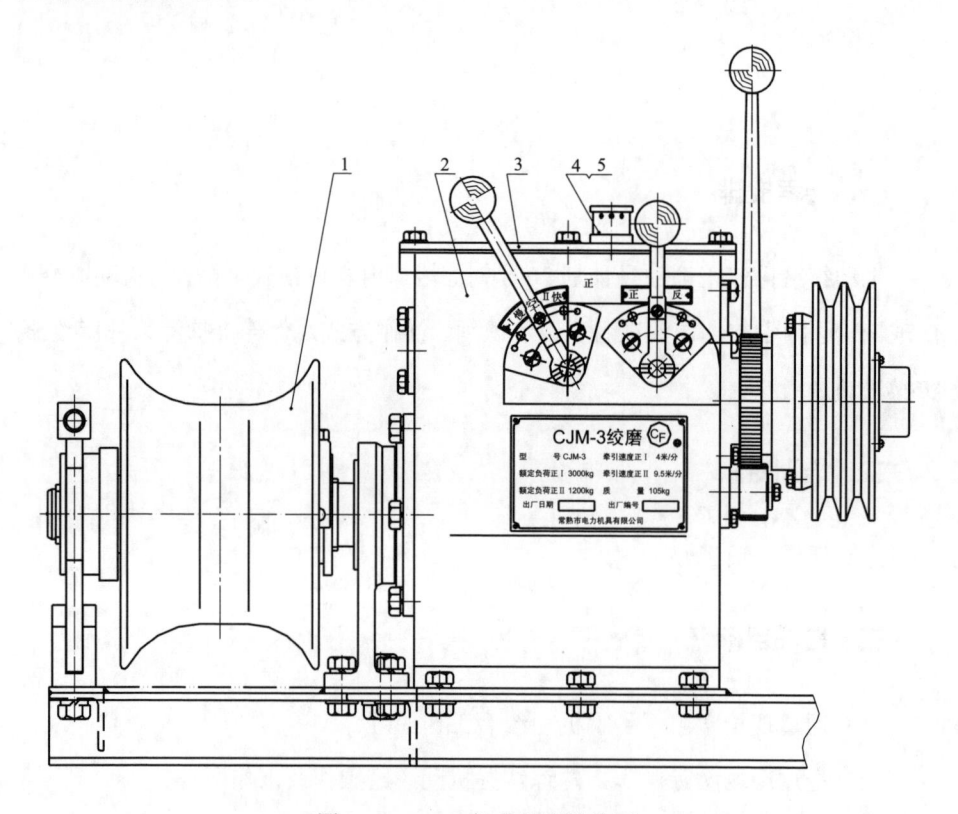

图9-1　CJM-3机动绞磨结构图

1—模芯；2—箱体；3—箱盖；4—排气螺栓；5—排气螺母

3．技术参数

机动绞磨主要有常熟电力机具公司的CJM-3、CJM-5，湘潭电力工程机械厂的 FM-10，扬州国电通用电力机具制造有限公司 FXQJ-50 双毂绞磨等型号。常熟电力机具公司 CJM-3、CJM-5 型号机动绞磨性能参数如表 9-1 所示。CJM-3、CJM-5 单筒绞磨如图 9-2、图 9-3 所示。

表 9-1　　　　　　　CJM-3、CJM-5 型号机动绞磨性能参数

型号	配置动力	牵引速度（m/min）				额定牵引力（kN）		磨芯底径（mm）	质量（kg）	适用钢索（mm）
		I 档	倒 I	II 档	倒 II	I 档	II 档			
CJM-3	汽油机（罗宾 EY28C）	4.0	3.4	9.5	7.3	30	12	$\phi 152$	105	$\geqslant \phi 13$
CJM-5	汽油机（本田 GX270）	4.0	3.8	8.7	8.4	50	20	$\phi 175$	150	$\geqslant \phi 16$

图 9-2　CJM-3 单筒绞磨

图 9-3　CJM-5 单筒绞磨

扬州国电通用电力机具制造有限公司 ZJ-QXS-50/30 双毂绞磨如图 9-4 所示，其性能参数如表 9-2 所示。

图 9-4　ZJ-QXS-50/30 双毂绞磨

表 9-2　　　　　　　　　ZJ-QXS-50/30 双毂绞磨性能参数

型号	配置动力	牵引速度（m/min）			额定牵引力（kN）			整机重量（kg）	外形尺寸（mm）
		Ⅰ档	Ⅱ档	Ⅲ档	Ⅰ档	Ⅱ档	Ⅲ档		
ZJ-QXS-50/30	汽油机本田GX390	6.2	16	30	50	23	11	310	1260×800×550

（二）材料、机具准备

材料、机具准备见表 9-3。

表 9-3　　　　　　　　　材料、机具准备

序号	名称	规格型号	单位	数量	备注
1	机动绞磨	CJM-3 或 CJM-5	台	2~3	
2	牵引绳	ϕ13	kg	200~300	
3	地锚	30kN 或 50kN	个	2	配地锚鼻子
4	角铁桩	∠75×1500	个	3~6	

（三）机动绞磨安全培训

机动绞磨操作安全规程如下：

（1）操作人员应当了解绞磨的性能，并熟悉绞磨使用知识和操作方法。

（2）严格按出厂说明书和铭牌的规定使用。

（3）绞磨使用前必须进行检查，变形、破损、有故障等不合格的绞磨严禁使用。

（4）绞磨使用时应放置平稳，锚固必须可靠，受力前方不得有人。

（5）不准超限制载荷运转。

（6）绞磨启动后必须空载运转2~3min，再开始载荷运转。

（7）绞磨在工作过程中，严禁操纵离合器在不分离时强行变速。

（8）绞磨运行中不得进行检修或调整。

（9）严禁带载荷时高速启动。

（10）绞磨必须每年做一次试验，试验标准：用大于或等于1.25倍额定载荷的拉力进行持续时间为10min的试验。

（11）拉磨尾绳不应少于2人，且应站在锚桩后面，不得站在绳圈内。

（12）绞磨锚固绳应有防滑动措施。

（13）绞磨受力时，不得采用松尾绳的方法卸荷。

（14）牵引绳应从卷筒下方卷入，排列整齐，缠绕不得少于5圈。

（四）实操流程

1．机动绞磨使用方法

（1）机动绞磨的锚固是用以与地锚或桩锚连接而设置的，在使用中不能在锚固点以外自行确定连接位置。

（2）使用前，应仔细检查各部件在运输中有无损坏和紧固件有无松动现象。

（3）机动绞磨变速箱的箱体，采用ZL104铝合金制造，在检修过程中螺钉不宜过紧，并应避免不必要的拆卸，更不能用锤敲击。

（4）为保证机动绞磨使用的可靠性，新机运行半年后应由专人进行一次全面检查，清洗缸体，换入干净的润滑油。

（5）机动绞磨的润滑维护应按说明书或机具设备分公司相应规程（见汽油机动力部分）的要求进行。

2．使用机动绞磨的注意事项

（1）机动绞磨应放置平稳，锚固必须可靠，受力前方不得有人。

（2）拉磨尾绳不应少于2人，且应位于锚固点的后方，不得站在绳圈内。

（3）机动绞磨在受力状态下，不得采用松尾绳的方法卸荷，以防磨绳突然滑跑。

（4）牵引绞磨应从磨芯的下方引出，缠绕不得少于6圈，且应排列整齐，严禁相互交错叠压。

（5）如采用拖拉机则绞磨的两轮胎应在同一水平面上，前后支架应受力。

（6）机动绞磨磨芯应与磨绳垂直，转向滑车应正对磨芯中心位置。

3．产品的吊运

绞磨在运输移动中，在起吊挂索时应挂于底座，并注意吊索不得与手柄及其他零件接触，绝不允许与其他物件碰撞，对皮带轮、手柄、轴端、支承架、包括发动机所有的零件均不得挂索移动与起吊。

4．操作前的准备

（1）绞磨的固定是安全工作的一项重要环节，不可忽视。因此，检查绞磨固定是否可靠是一项重要的工作。绞磨固定的地锚不得少于2个，地质松的还需加固。拉紧钢丝绳总根数截面积应大于磨芯钢丝绳截面积。

（2）磨芯缠绕起吊钢丝绳，按进索方向靠齿轮箱侧由下向上穿，进索在下，逆时针缠绕6圈。如钢索相反缠绕，刹车无效。

（3）检查起吊物的重量与绞磨的额定工作负荷相符合，绝不可超负荷使用。

5．操作中

（1）启动发动机前应脱开传动离合器（见图9-5），检查各手柄位置是否正确，启动后使其怠速3min（冬季可适当延长，新车要怠速30min以上）。闭合传动离合器时动作应快捷，否则离合器摩擦片表面造成着力磨损，在脱开离合器时不宜用力过猛，此时磨芯钢丝绳应在放松状态，不得收紧。

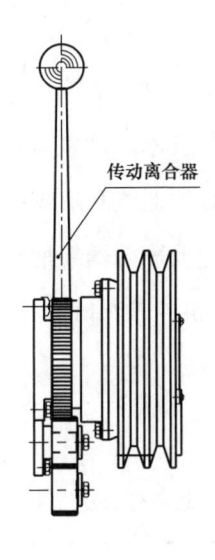

图 9-5 机动绞磨离合器

（2）试行起吊负荷时观看固定地锚与绞磨是否在一直线上，如有偏移，应重新调整绞磨位置，绝不能强行打桩阻拦。

（3）变挡，两个手柄在变挡时首先要脱开传动离合器，待箱内齿轮徐徐转动时拨动手柄，如齿轮转速快时变挡则容易损坏齿轮，如入挡困难时，应再次合上离合器，使输出轴转过一个角度，再进行变柄，手柄进入所需变挡位置后，再合上传动离合器。

（4）由于自动刹车设在齿轮箱内，起吊时箱体内发出"嘚、嘚、嘚"的响声，证明逆齿工作正常。在回松时由于逆齿被卡住，则没有"嘚、嘚、嘚"的响声。

（5）起吊发动机动转正常后，合上传动离合器，待磨芯转动时检查各部位及转向等，确认后收紧钢丝绳，负荷产生后磨芯工作出索就不能放松。

（五）维护保养与故障排除

（1）先应注意起重设备不得超负荷运行，地锚应牢固可靠，钢丝绳应经常检查，不得有断丝、断股及锈蚀，一旦发现，应及时更换。

（2）齿轮箱维护，检查润滑油，参看外形图旋开排气螺母，用铁丝伸入箱内测量油面距离油箱底部 60～70mm 为符合。绞磨使用前应对联锁刹车齿轮加润滑油。

（3）磨损检查，离合器开启盖摩擦面应经常检查，联锁刹车主动轮，刹车后应至少留 4～6 个轮齿。刹车胶木，联锁刹车齿轮旋紧与回松间隙为 0.3～0.5mm，如间隙达 1mm 以上则必须调整间隙或更换胶木，否则会引起刹车失效。

（4）检查各离合器滑动部分及离合器手柄制动，应灵活可靠。

（5）润滑方式：变速箱内各机件靠激溅润式润滑（10 号机械油 1:1 齿轮油），箱外轴承加注黄油。

（6）故障排除参照表 9-4。

表 9-4　　　　　　　　　　故障分析及排除

序号	故障特征	可能产生的部位	产生的原因	检查的方法	排除的方法
1	重物不能提升	离合器	1. 皮带轮与开启盖斜面磨损	1. 检查斜面磨损情况。2. 检查联锁刹车主动轮 M8 紧定螺钉是否打滑	更换着力磨损零件　拧紧或更换螺钉
			2. 皮带打滑	检查皮带是否打滑	收紧皮带
		联锁刹车位置不配合	联锁刹车传动轮组位置变动	检查联锁刹车传动系统有关零件	重排位置或更换零件及调整到放松
		各滑动轴承发生胀紧或拉毛	滑动不良或温度过高	打开箱盖，用人力拨动各挡齿轮检查是否灵活	拆卸齿轮及轴，刮去胀紧部分或更换
2	制动失效	自动刹车故障	1. 摩擦胶木板磨损	打开箱盖，用人力拨动各挡齿轮检查是否灵活	更换零件
			2. 回转方向不符	检查转向	调整转向
3	变挡困难	轮齿拉毛	强行入挡	打开箱盖，检查齿轮	进行修复
4	钢丝绳起吊时打滑	磨芯	1. 过载		减轻工作重量
			2. 钢丝绳缠绕磨芯圈数不够		缠绕满规定圈数

五、考核要求

（1）理论考核。满分 100 分，题型有选择题、判断题、简答题或论述题，考试时间 30min，60 分合格。

（2）实操考核。按 4 人为一组分配，操作完成一组机动绞磨吊装，操作时长 30min，60 分合格。具体考评标准见附件 9-1。

附件 9-1

机动绞磨使用实际操作评分表

考生编号：　　　　　　　　姓名：　　　　　　　　年　　月　　日

作业时间：30min	题型：实际操作	总分：100分			
工作内容	机动绞磨使用				
作业方法	1. 根据题意正确选择工器具。 2. 配2名普工协助，并设指挥1人。 3. 根据题意要求，选择正确位置，起吊一重物。				
序号	项目	要求	评分标准	配分	扣分原因	得分
1	机动绞磨安放位置的选择					
1.1	有操作场所，现场开阔，视线好	地势较平坦，能看见指挥信号和起吊过程	不正确扣1～2分	10		
1.2	符合安全规定的要求	全面考虑操作人员的安全	不正确扣2～4分			
1.3	符合现场工作的要求	场地符合规程规范要求	不正确扣1～2分			
2	检查绞磨					
2.1	机动绞磨放平	绞磨平稳	不平稳扣1～2分	11		
2.2	检查机油、汽油、齿轮箱油	机油油面合格，汽油够用，齿轮箱油面合格	一项不检查扣2分			
2.3	认真检查锚桩、接地	必须有可靠的地锚或桩锚，及接地	不正确扣1～3分			
3	准备牵引	绞磨芯筒中线对准牵引方向		15		
3.1	后钢丝绳与锚桩连接好	操作正确	不正确扣1～3分			
3.2	打开油管开关，按下加油按钮	操作正确	不正确扣1～3分			

续表

序号	项目	要求	评分标准	配分	扣分原因	得分
3.3	变速箱挂空挡,离合器处于离位	操作正确	不正确扣1~3分	15		
3.4	调速杆放在中偏低的位置上,视汽油机温度适当关上阻风门	操作正确	不正确扣1~3分			
3.5	拉动启动绳,使汽油机启动预热,打开阻风门	操作正确	不正确扣1~3分			
4	牵引					
4.1	松开挡板,将牵引钢丝绳缠上绞磨芯	受力绳从绞磨芯下方进入缠绕,不少于5圈	不正确扣1~4分	27		
4.2	尾绳人员拉紧尾绳	操作正确	不正确扣1~2分			
4.3	装上挡板并切实固定	操作正确	不正确扣1~3分			
4.4	将绞磨芯拨至自由转动位置收紧属绳	使牵引绳预受力	不正确扣1~2分			
4.5	将绞磨芯拨至牵引位置	切实固定	不正确扣1~2分			
4.6	挂上高速挡,平稳合上离合器	使牵引绳和绞磨后钢丝绳受力	不正确扣1~3分			
4.7	牵引工作中尾绳应及时收紧	尾绳保持受力状态	不正确扣1~2分			
4.8	必要时停止牵引,移动绞磨	使绞磨芯中线对准牵引方向	不正确扣1~3分			
4.9	根据工作情况配合挡位,调速器（油门大小）进行牵引工作	操作正确	不正确扣1~3分			
5	技术要求					
5.1	密切注意指挥和起吊过程	操作准确、熟练	不正确扣1~3分	10		
5.2	感觉到机动绞磨受力大时要及时减至慢挡,同时检查桩锚是否松动	操作正确	不正确扣1~4分			
5.3	牵引工作结束后,要先用倒挡,松劲后,再从绞磨芯上拆出钢丝绳,人力拖松	作准确、熟练	不正确扣1~3分			

77

续表

序号	项目	要求	评分标准	配分	扣分原因	得分
6	工作结束					
6.1	调速器（油门）加大，让汽油机高速运转几秒钟再熄灭	操作正确	不正确扣1~2分	7		
6.2	调速器（油门）放至怠速位置，关上油管开关	操作正确	不正确扣1~2分			
6.3	从绞磨芯上拆出牵引钢丝绳并复位	操作正确	不正确扣0.5~1分			
6.4	从桩锚上拆出后钢丝绳套并做好绞磨运走的准备	操作正确	不一致扣0.5~1分			
7	其他要求					
7.1	动作要求	动作熟练流畅	不正确扣1~4分	20		
7.2	对离合器分合要求	离合器分合切实到位	不正确扣1~2分			
7.3	技术要求	熟悉指挥信号，反应迅速	不正确扣1~2分			
7.4	时间要求	按时完成	每超过2min扣1分			
	总分			100		

备注：

1. 以上每项得分扣完为止。
2. 超过规定时间50%，考评人员可下令终止操作。
3. 出现重大人身、器材和操作安全隐患，考评人员可下令终止操作。
4. 设备、作业环境、安全带、安全帽、工器具等不符合作业条件考评人员可下令终止操作。

考评组长： 考评员： 作业人员签名：

直线管压接实操培训项目

一、课程安排

直线管压接培训项目计划 20 学时，培训内容包括安全培训、直线管压接理论培训（含前期作业准备、普通直线管压接工序等）、直线管压接实操培训及考核。

二、培训对象

适宜新进厂员工。

三、培训目标

（1）通过理论学习，了解直线管压接工序。

（2）经过现场实际操作，熟练掌握直线管压接操作及工作要点。

四、培训内容

（一）前期准备

1．场地准备

压接工位 3～5 个，规格 4×6m，带电源。

2．材料、机具准备

材料、机具准备见表 10-1。

表 10-1　　　　　　　　材料、机具准备

序号	名称	规格型号	单位	数量	备注
1	小型货架	1.5m×0.5m×1.9m	个	2	
2	液压机(含高压泵站)	SY-BJQ-3000/94-C（常熟市电力机具有限公司）SY-BD-94-C 液压泵 SY-J-3000/94 压接机	套	3	含配套压模
3	软地毯	8m×2m	块	3	
4	垃圾桶	可回收与不可回收	个	2	
5	钢锯	备锯片 10 片	把	2	
6	平锉		把	6	
7	钢卷尺	3m	把	3	
8	木榔头		把	3	
9	铁榔头	3 磅	把	3	
10	游标卡尺	量程 200mm	把	1	
11	试管刷		把	3	
12	灭火器		组	1	
13	工具箱	存放起子、钳子等小件工具	个	2	
14	钢丝钳		把	3	
15	断线钳		把	3	
16	钢芯铝导线	ϕ400/50	m	200	
17	直线管	JYD-400/50	个	40	
18	电工胶布		卷	20	
19	导电脂		盒	2	
20	钢丝刷		把	8	
21	白棉布		kg	30	
22	汽油		L	6	

续表

序号	名称	规格型号	单位	数量	备注
23	保鲜膜	200mm 宽	卷	2	
24	记号笔		盒	2	

（二）实操流程

1．导线接续管钢管穿管及压接工艺

钢芯铝绞线搭接式接续管钢管的穿管如图 10-1 所示，操作步骤如下：

（1）测量接续管长度：用钢卷尺测量接续管钢管的实长为 L_1，接续管铝管的实长为 L_2。

（2）绑扎和切割标记：用钢卷尺分别自导线端面向内侧量取 $L_1+\Delta L_1+L_2+65mm$，画绑扎标记于 P_1；量取 $L_1+\Delta L_1+45mm$，画绑扎标记于 P_2；量取 $l_1=L_1+\Delta L_1+25mm$，画切割标记于 B。其中，ΔL 为接续管钢管压接时所需的预留长度，ΔL_1 为 L_1 的 10%～18%。

（3）剥铝线：在 P_1、P_2 处将导线旋紧绑扎牢固后，用剥线器（或钢锯）在切割标记 B 处分层切断各层铝线。切割内层铝线时，应采取不伤及钢芯的具体措施。自钢芯端部分别向内侧量取 l_1，画定位标记于 A_1。

（4）套接续管铝管：将接续管铝管顺铝线绞制方向旋转推入，当其右端面至绑扎 P_2 处时，拆除 P_2 处的绑扎，继续旋转推入，使其右端面至绑扎 P_1 处，并恢复 P_2 处的绑扎。

（5）穿接续管钢管：将一端已剥露的钢芯表面残留物全部清擦干净后进行钢芯搭接，对于 7 股钢芯应全部散开呈散股扁圆形，对于 19 股钢芯应散开 12 根层钢线，保持内部 7 股钢芯原节距钢芯；自钢管口一端下侧向钢管内穿入后，另一端钢芯保持原节距状态，自钢管另一端上侧向钢管内穿入，注意是相对搭接穿入不是插接，直穿至两端钢芯在钢管管口露出 12mm 为止。

（6）钢芯铝绞线搭接式接续管钢管的压接操作顺序如图 10-2 所示，其压接步骤如下：

1）在接续管钢管的中心位置画中心标记于 O_1。

2）将第一模的压接模具中心与 O_1 重合，分别依次向钢管口端施压。

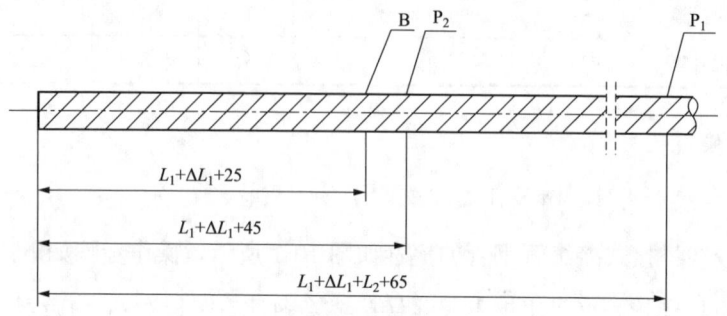

(a) 绑扎和切割标记

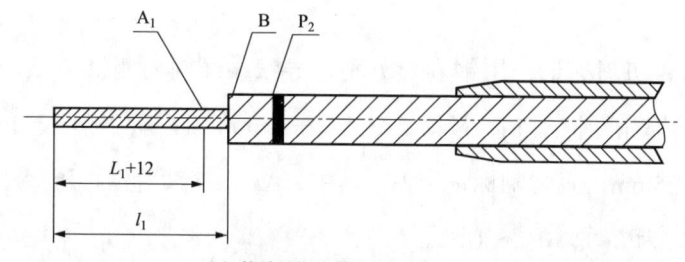

(b) 接续管钢管穿管定位标记

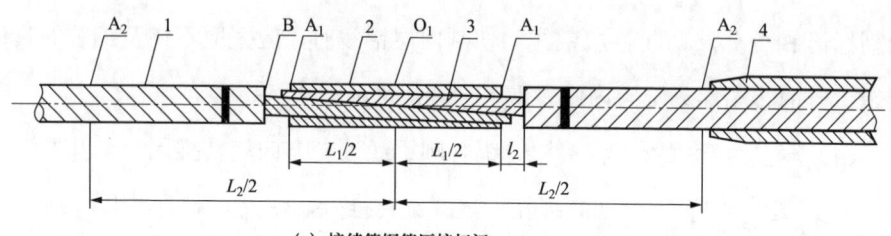

(c) 接续管钢管压接标记

图 10-1 钢芯铝绞线搭接式接续管钢管的穿管方式

1—钢芯铝绞线；2—接续管钢管；3—钢芯；4—接续管铝管

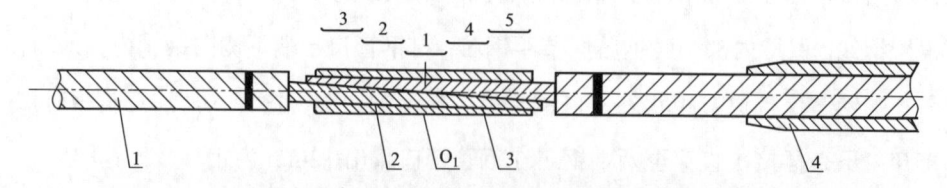

图 10-2 钢芯铝绞线搭接式接续管钢管的压接操作顺序

1—钢芯铝绞线；2—接续管钢管；3—钢芯；4—接续管铝管

2．导线接续管铝管穿管及压接工艺

（1）钢芯铝绞线接续管铝管的穿管如图10-3所示，操作步骤如下：

1）待接续管钢管压接完成后，用钢卷尺测量接续管钢管压接后长度 l'_1 和压接后端头距离 l'_2。

2）画定位标记：接续管钢管压接后，自 O_1 点分别向外侧量取 $L_2/2$，画定位标记于 A_2。

3）穿接续管铝管：在补充电力脂后，将接续管铝管顺绞线绞制方向旋转推入，使两端面与 A_2 重合。

4）画压接标记：在接续管铝管的中心位置画中心标记于 O_2，自 O_2 分别向外侧量取 $L'_2/2 + l'_2$，画压接标记于 A_3。

(a) 接续管铝管穿管定位标记

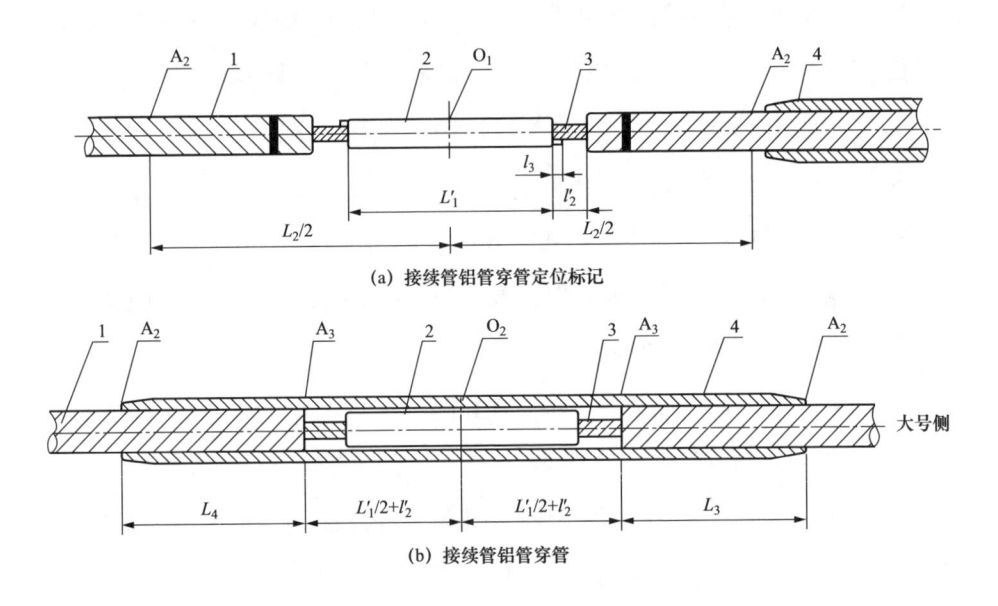

(b) 接续管铝管穿管

图 10-3 钢芯铝绞线接续管铝管的穿管方式

1—钢芯铝绞线；2—接续管钢管；3—钢芯；4—接续管铝管

（2）钢芯铝绞线接续管铝管的压接操作顺序如图10-4所示，第一模压接模具的端面与 A_3 重合，分别依次向管口施压。

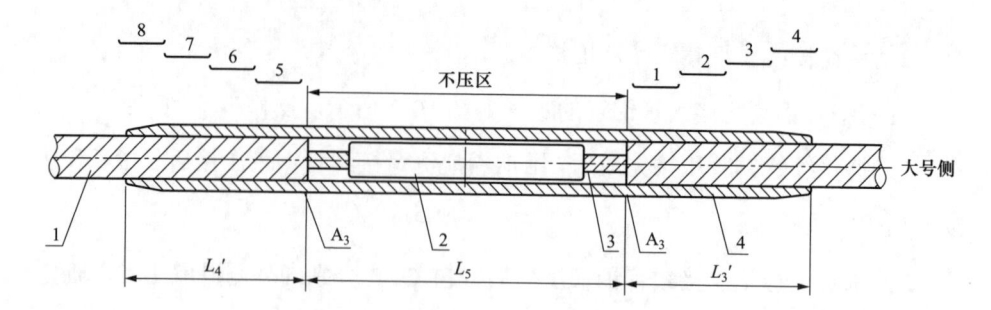

图 10-4 钢芯铝绞线接续管铝管的压接操作顺序

1—钢芯铝绞线；2—接续管钢管；3—钢芯；4—接续管铝管

3．控制要点

（1）材料准备及导线下料应进行下列检查：

1）导线的结构尺寸及性能参数应符合 GB/T 1179《圆线同心绞架空导线》或 GB/T 20141《型线同心绞架空导线》的规定或设计文件要求。

2）不同材料、不同结构、不同规格、不同绞向的导线不应在同一耐张段内同一相（极）导线进行压接。

3）导地线的压接部分清洁，并均匀涂刷电力脂后再压接。

4）压接管的尺寸、公差及性能参数应符合 GB/T 2314《电力金具通用技术条件》的规定或设计文件要求。

5）压接管中心同轴度公差应小于 0.3mm。

6）压接管内孔端部应加工为平滑的圆角，其相贯线处应圆滑过渡。

（2）切断导线时，切割端部需绑扎牢固，防止散股，端面整齐、无毛刺，并与线股轴线垂直；压接导线前需要切割铝线时，严禁伤及钢芯。

（3）导线压接：液压设备运行正常，合模时液压系统的压力不低于额定工作压力，施压时应使每模达到额定工作压力后维持 3~5s。

（4）压接过程中，钢管相邻两模重叠压接不应小于 5mm，铝管相邻两模重叠压接不应小于 10mm。

（5）压接过程中的安全要求必须符合 DL 5009.2《电力建设安全工作规程

第 2 部分：电力线路》的规定。

（6）压接管压后尺寸检查：

1）压接管压后对边距尺寸允许值：$S=0.86D+0.2\text{mm}$。式中 D 为压接管标称外径，单位为 mm。

2）3 个对边距只应有一个达到允许最大值，超过此规定应更换模具重压。

3）钢管压接后钢芯应露出钢管端部 3～5mm。

（7）压接后铝管不应有明显弯曲，弯曲度超过 2%应校正，无法校正割断重新压接。

（8）各液压管施压后，操作者应检查压接尺寸并记录，经自检合格后并经监理人员验证后，双方在铝管的不压区打上钢印。

五、考核要求

（1）理论考试。满分 100 分，题型有选择题、判断题、简答题或论述题，考试时间 60min，60 分合格。

（2）实操考核。按 3 人为一组分配，分别操作完成一组直线管压接工序，操作时长 30min，60 分合格。具体考评标准见附件 10-1。压接数据记录表见附件 10-2。

附件 10-1

压接考评标准

考生编号：　　　　　　　　　姓名：　　　　　　　　年　　月　　日

考核时限	30min		标准分	100分	
开始时间		结束时间		时长	
试题名称	钢芯铝绞线直线管压接的操作					
需要说明的问题和要求	1. 两人配合于平地上操作，一人操作液压机。 2. 400/50 钢芯铝绞线				
工具、材料、设备、场地	液压机及钢模、导电脂、锉刀、汽油、专用毛刷、棉纱、游标卡尺等				

评分标准	序号	项目名称	质量要求	满分	得分
	1	工作前准备 1. 检查液压机 2. 选择并安装钢模	液压机性能良好，钢模型号正确，钢模安装正确	5	
	2	导线切割、穿管 1. 切割导线 2. 将被压接的导线掰直，端头用绑线扎好 3. 导线端头用汽油清洗，线股内有油层时导线散股清洗 4. 导线端头表面薄薄地涂一层复合电力脂 5. 铝管穿入导线内 6. 钢芯线端穿入钢管内，两端头露出钢管	动作正确，防止散股，切割整齐并与轴线垂直，清洗长度不短于管长的1.5倍，擦拭并使其干燥，整合好线股，绑扎好端头，用细钢丝刷清除表面氧化膜，保留涂料，导线端头出管处作印记	30	
	3	压接钢管、铝管 1. 钢管压接第一模，管中间对准压第一模 2. 第二模向一侧顺序压接，完后，再从中间向另一侧顺序压完	压接位置正确，压后尺寸符合要求，弯曲度不应大于管长的2%，压接或校直后的压接管不应有裂纹，锉去飞边毛刺	40	

10 直线管压接实操培训项目

续表

<table>
<tr><th colspan="2">序号</th><th>项目名称</th><th>质量要求</th><th>满分</th><th>得分</th></tr>
<tr><td rowspan="8">评分标准</td><td rowspan="3">3</td><td>3. 钢管压完后检查压接尺寸</td><td rowspan="3">压接位置正确，压后尺寸符合要求，弯曲度不应大于管长的2%，压接或校直后的压接管不应有裂纹，锉去飞边毛刺</td><td rowspan="3"></td><td rowspan="3"></td></tr>
<tr><td>4. 铝管移到压接区，进行压接，检查压接尺寸</td></tr>
<tr><td>5. 压接管弯曲度检查</td></tr>
<tr><td>4</td><td>动作要领</td><td>动作熟练流畅</td><td>5</td><td></td></tr>
<tr><td>5</td><td>安全要求</td><td>操作人员头部应在液压钳侧面并避开钢模，防止钢模压碎飞出伤人</td><td>5</td><td></td></tr>
<tr><td>6</td><td>质量要求</td><td>掌握标准、正确测量，判断正确，处理恰当</td><td>5</td><td></td></tr>
<tr><td>7</td><td>压接记录、打钢印</td><td>压接管上打钢印，记录完整</td><td>5</td><td></td></tr>
<tr><td>8</td><td>清理现场</td><td>工具、材料放回原处，放置整齐</td><td>5</td><td></td></tr>
<tr><td colspan="2">备注</td><td colspan="4">30min 停止操作</td></tr>
<tr><td colspan="2">总分</td><td colspan="4"></td></tr>
</table>

备注：
1. 以上每项得分扣完为止。
2. 超过规定时间50%，考评人员可下令终止操作。
3. 出现重大人身、器材和操作安全隐患，考评人员可下令终止操作。
4. 设备、作业环境、安全带、安全帽、工器具等不符合作业条件考评人员可下令终止操作。

考评组长： 考评员： 作业人员签名：

附件 10-2

压接数据记录表

钢管	压前值（mm）	外径 D	最大	
			最小	
		内径 d	最大	
			最小	
		长度		
	压后值（mm）	对边距 S	最大	
			最小	
		长度		
铝管	压前值（mm）	外径 D	最大	
			最小	
		内径 d	最大	
			最小	
		长度		
	压后值（mm）	对边距 S	最大	
			最小	
		长度		
压接管清洗是否干净				
压接管压前外观检查				
切割单股铝丝时，钢芯是否有损伤				
钢管压后是否防腐处理				
压接人姓名（考生）				
钢印代号				

11 耐张管压接实操培训项目

一、课程安排

耐张线夹压接培训项目计划20学时,培训内容包括安全培训、耐张线夹压接理论培训(含前期作业准备、普通耐张线夹压接工序等)、耐张线夹压接实操培训及考核。

二、培训对象

适宜新进厂员工。

三、培训目标

(1)通过理论学习,了解耐张线夹压接工序。

(2)经过现场实际操作,熟练掌握耐张线夹压接操作及工作要点。

四、培训内容

(一)前期准备

1. 场地准备

压接工位3～5个,规格4×6m,带电源。

2．材料、机具准备

材料、机具准备见表 11-1。

表 11-1　　　　　　　　　　材料、机具准备

序号	名称	规格型号	单位	数量	备注
1	小型货架	1.5m×0.5m×1.9m	个	2	
2	液压机(含高压泵站)	SY-BJQ-3000/94-C（常熟市电力机具有限公司）SY-BD-94-C 液压泵 SY-J-3000/94 压接机	套	3	含配套压模
3	软地毯	8m×2m	块	3	
4	垃圾桶	可回收与不可回收	个	2	
5	钢锯	备锯片10片	把	2	
6	平锉		把	6	
7	钢卷尺	3m	把	3	
8	木榔头		把	3	
9	铁榔头	3磅	把	3	
10	游标卡尺	量程200mm	把	1	
11	试管刷		把	3	
12	灭火器		组	1	
13	工具箱	存放起子、钳子等小件工具	个	2	
14	钢丝钳		把	3	
15	断线钳		把	3	
16	钢芯铝导线	ϕ400/50	m	200	
17	耐张线夹	NY-400/50	个	40	
18	电工胶布		卷	20	
19	导电脂		盒	2	
20	钢丝刷		把	8	
21	白棉布		kg	30	
22	汽油		L	6	

续表

序号	名称	规格型号	单位	数量	备注
23	保鲜膜	200mm 宽	卷	2	
24	记号笔		盒	2	

（二）实操流程

1．导线耐张线夹钢锚穿管及压接工艺

钢芯铝绞线耐张线夹钢锚的穿管如图 11-1 所示，操作步骤如下：

（1）测量压接管尺寸：测量耐张线夹钢锚内孔的深度长为 L_1，耐张线夹铝管的实长为 L_2。

（2）绑扎和切割标记：用钢卷尺分别自导线端面向内侧量取 $L_1+\Delta L_1+L_2+55\text{mm}$，画绑扎标记于 P_1；量取 $L_1+\Delta L_1+35\text{mm}$，画绑扎标记于 P_2；量取 $l_1=L_1+\Delta L_1+15\text{mm}$，画切割标记于 B，且在 P_1 处将导线旋紧绑扎牢固，将耐张线夹铝管顺向推入绑扎 P_1 处。

（3）剥铝线：在 P_1、P_2 处将导线旋紧绑扎牢固后，用剥线器（或手锯）在切割标记 B 处分层切断各层铝线。切割内层铝线时，应采取不伤及钢芯的具体措施。自钢芯端部分别向内侧量取 l_1，画定位标记于 A_1。

（4）穿耐张线夹钢锚：钢芯清洁后，顺向旋转推入钢锚管且与 A_1 重合。

（5）用钢卷尺从耐张线夹钢锚管口向内量取 L_1，画定位标记于 A_2，用钢卷尺从耐张线夹钢锚管口向内量取 $L_1-5\text{mm}$。画定位标记于 A_3。

（6）套耐张线夹铝管：将耐张线夹铝管顺铝线绞制方向旋转推入。

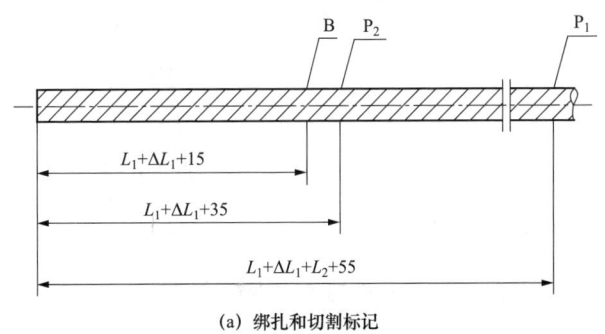

(a) 绑扎和切割标记

图 11-1　钢芯铝绞线耐张线夹钢锚的穿管方式（一）

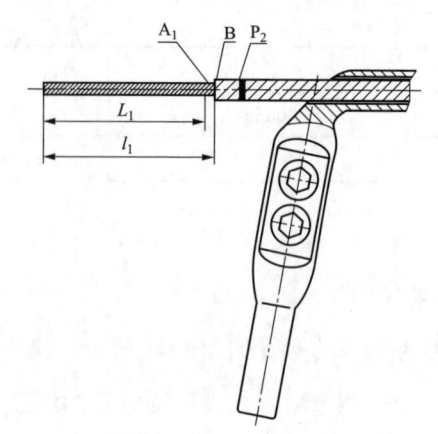

(b) 耐张线夹（单板式）钢锚穿管定位标记

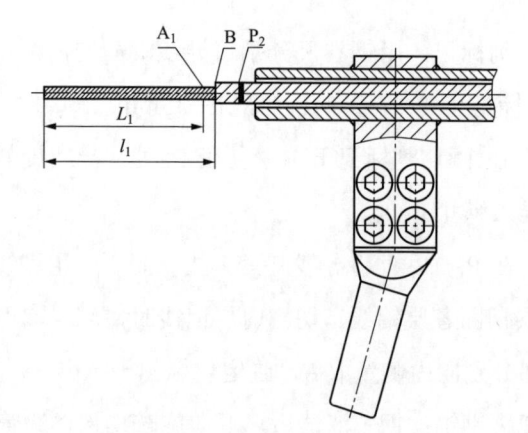

(c) 耐张线夹（双板式）钢锚穿管定位标记

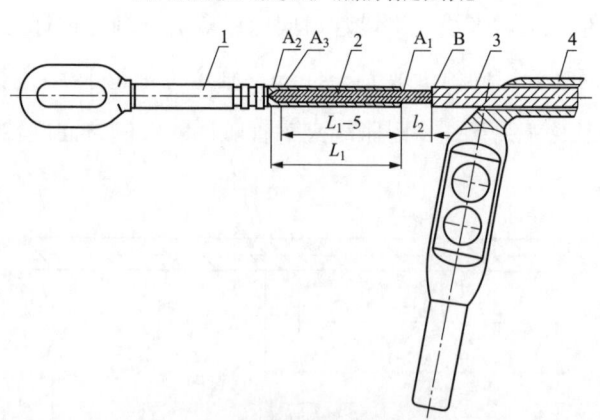

(d) 耐张线夹（单板式）钢锚穿管

图 11-1　钢芯铝绞线耐张线夹钢锚的穿管方式（二）

(e) 耐张线夹（双板式）钢锚穿管

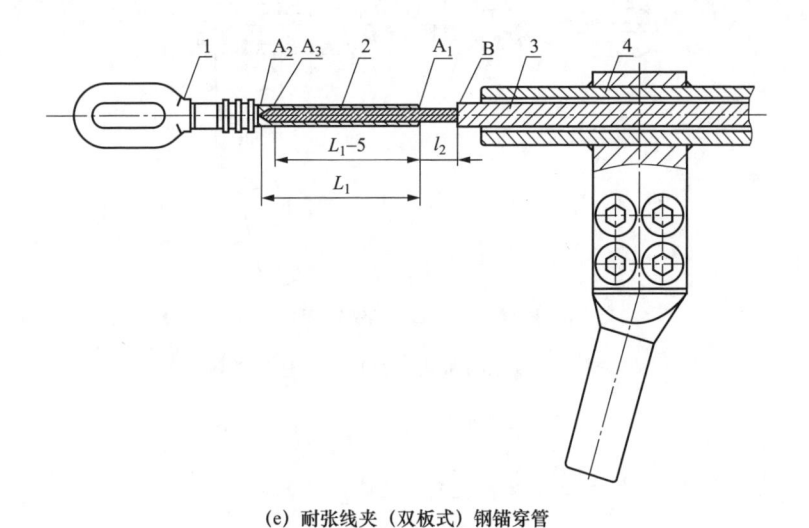

图 11-1　钢芯铝绞线耐张线夹钢锚的穿管方式（三）

1—钢锚；2—钢芯；3—钢芯铝绞线；4—铝管

（7）钢芯铝绞线耐张线夹钢锚的压接操作顺序如图 11-2 所示，将第一模压接模具的端面与 A_3 重合，依次施压至钢锚管端面。

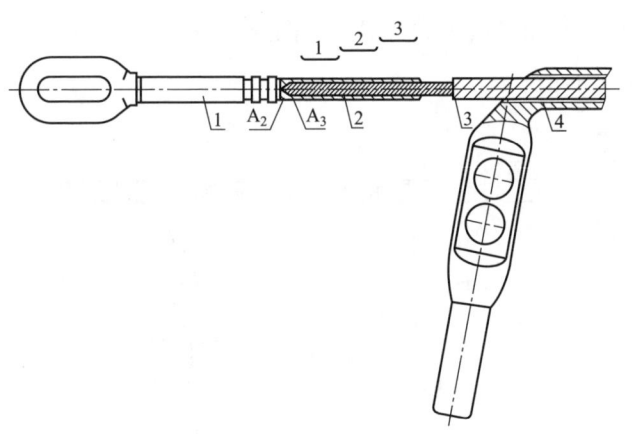

(a) 耐张线夹（单板式）钢锚压接顺序

图 11-2　钢芯铝绞线耐张线夹钢锚的压接操作顺序（一）

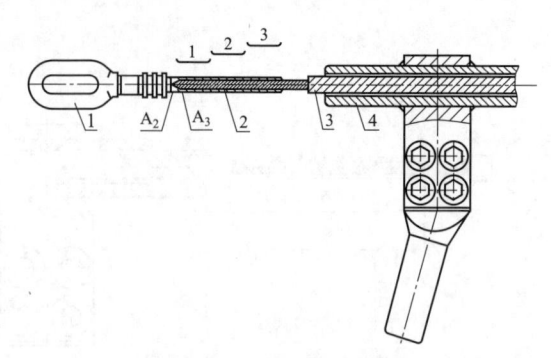

(b) 耐张线夹（双板式）钢锚压接顺序

图 11-2　钢芯铝绞线耐张线夹钢锚的压接操作顺序（二）

1—钢锚；2—钢芯；3—钢芯铝绞线；4—铝管

2．导线耐张线夹铝管穿管及压接工艺

（1）钢芯铝绞线耐张线夹铝管的穿管如图 11-3 所示，操作步骤如下：

1）钢锚压接后，在远离钢锚环根部（加工端面处）3～5mm 处画定位标记于 A_4，量取 A_4 至 B 的距离为 L_3。将耐张线夹铝管顺向旋转推入至 P_2 处，松开绑扎，补涂电力脂后，继续旋至穿耐张线夹铝管左端面与 A_4 重合。

2）自钢锚环根部 A_4 处，向耐张线夹管口量取 L_3，画压接标记于 A_5，自 A_5 处向钢锚环根部量取 $L_1' + l_2'$，画压接标记于 A_6。

3）将钢锚环与耐张线夹铝管引流板的连接方向调整至规定位置，且二者的中心线在同一平面内。

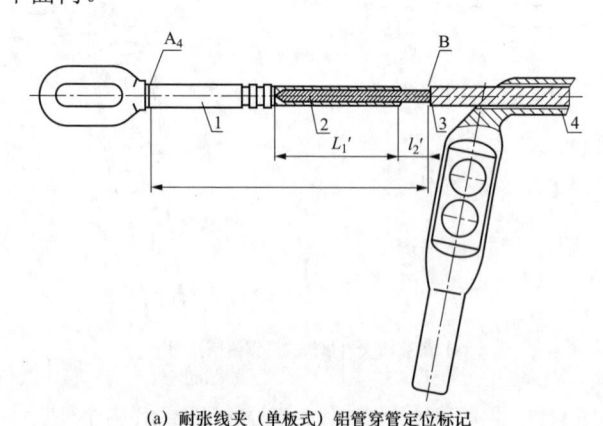

(a) 耐张线夹（单板式）铝管穿管定位标记

图 11-3　钢芯铝绞线耐张线夹铝管的穿管方式（一）

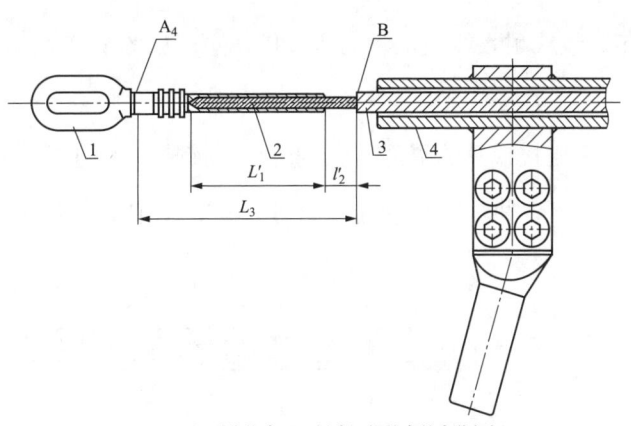

(b) 耐张线夹（双板式）铝管穿管定位标记

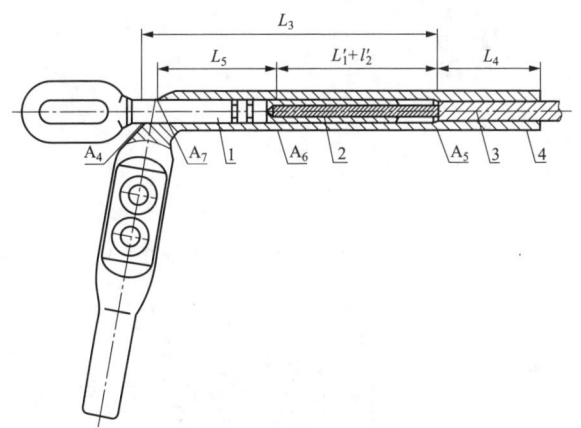

(c) 耐张线夹（单板式）铝管穿管及压接标记

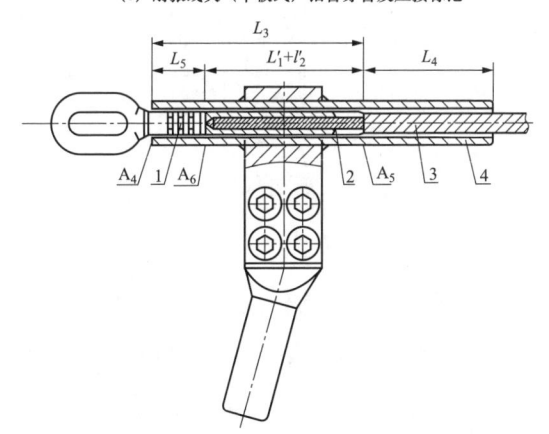

(d) 耐张线夹（双板式）铝管穿管及压接标记

图 11-3 钢芯铝绞线耐张线夹铝管的穿管方式（二）

1—钢锚；2—钢芯；3—钢芯铝绞线；4—铝管

(2) 钢芯铝绞线耐张线夹铝管的压接操作顺序如图 11-4 所示，其压接步骤如下：

1) 将第一模压接模具的端面与 A_6 重合，向钢锚环侧压第一模。

2) 跨过不压区，将压接模具的端面与 A_5 重合，依次施压至钢锚管端面。

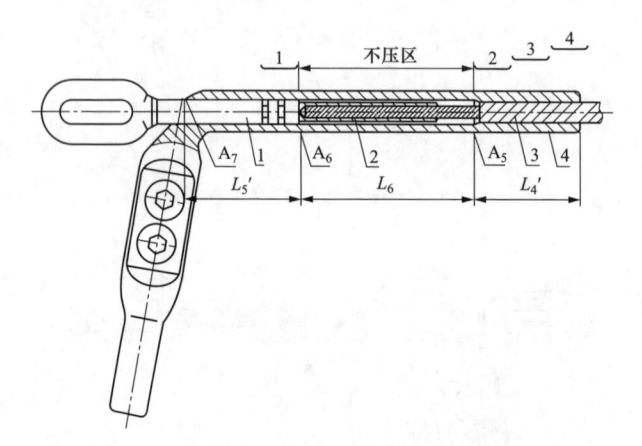

(a) 耐张线夹（单板式）铝管穿管及压接标记

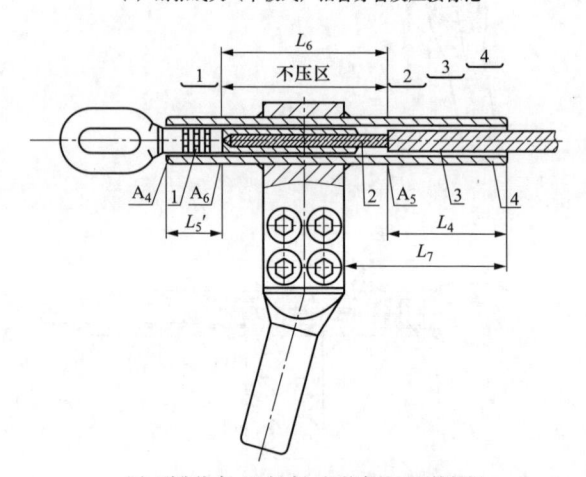

(b) 耐张线夹（双板式）铝管穿管及压接标记

图 11-4 钢芯铝绞线耐张线夹铝管的压接操作顺序

1—钢锚；2—钢芯；3—钢芯铝绞线；3—铝管

3．控制要点

(1) 材料准备及导线下料应进行下列检查：

1）导线的结构尺寸及性能参数应符合 GB/T 1179《圆线同心绞架空导线》或 GB/T 20141《型线同心绞架空导线》的规定或设计文件要求。

2）不同材料、不同结构、不同规格、不同绞向的导线不应在同一耐张段内同一相（极）导线进行压接。

3）导地线的压接部分清洁，并均匀涂刷电力脂后再压接。

4）压接管的尺寸、公差及性能参数应符合 GB/T 2314《电力金具通入技术条件》的规定或设计文件要求。

5）压接管中心同轴度公差应小于 0.3mm。

6）压接管内孔端部应加工为平滑的圆角，其相贯线处应圆滑过渡。

（2）切断导线时，切割端部需绑扎牢固，防止散股，端面整齐、无毛刺，并与线股轴线垂直；压接导线前需要切割铝线时，严禁伤及钢芯。

（3）导线压接：液压设备运行正常，合模时液压系统的压力不低于额定工作压力，施压时应使每模达到额定工作压力后维持 3～5s。

（4）压接过程中，钢管相邻两模重叠压接不应小于 5mm，铝管相邻两模重叠压接不应小于 10mm。

（5）压接过程中的安全要求必须符合 DL 5009.2《电力建设安全工作规程 第 2 部分：电力线路》规定。

（6）压接管压后尺寸检查：

1）压接管压后对边距尺寸允许值：$S=0.86D+0.2$mm。式中 D 为压接管标称外径，单位为 mm。

2）3 个对边距只应有一个达到允许最大值，超过此规定应更换模具重压。

3）钢管压接后钢芯应露出钢管端部 3～5mm。

4）凹槽处压接完成后，应采用钢锚对比等方法校核钢锚的凹槽部位是否全部被铝管压住，必要时拍照存档。

（7）压接后铝管不应有明显弯曲，弯曲度超过 2%应校正，无法校正割断重新压接。

（8）各液压管施压后，操作者应检查压接尺寸并记录，经自检合格后并经监理人员验证后，双方在铝管的不压区打上钢印。

五、考核要求

（1）理论考试。满分 100 分，题型有选择题、判断题、简答题或论述题，考试时间 60min，60 分合格。

（2）实操考核。按 3 人为一组分配，分别操作完成一组直线管压接工序，操作时长 30min，60 分合格。具体考评标准见附件 11-1。压接数据记录表见附件 11-2。

附件 11-1

压接考评标准

考生编号：　　　　　　　　　　　　姓名：　　　　　　　　　年　　月　　日

考核时限	30min		标准分	100 分
开始时间		结束时间		时长	
试题名称	钢芯铝绞线耐张线夹压接的操作				
需要说明的问题和要求	1．两人配合于平地上操作，一人操作液压机。 2．400/50 钢芯铝绞线				
工具、材料、设备、场地	液压机及钢模、导电脂、锉刀、汽油、专用毛刷、棉纱、游标卡尺等				

	序号	项目名称	质量要求	满分	得分
评分标准	1	工作前准备 1．检查液压机 2．选择并安装钢模	液压机性能良好，钢模型号正确，钢模安装正确	5	
	2	导线切割、穿管 1．切割导线 2．将被压接的导线掰直，端头用绑线扎好 3．导线端头用汽油清洗，线股内有油层时导线散股清洗 4．导线端头表面薄薄地涂一层复合电力脂 5．铝管穿入导线内 6．钢芯线端穿入钢锚内	动作正确，防止散股，切割整齐并与轴线垂直，清洗长度不短于管长的 1.5 倍，擦拭并使其干燥，整合好线股，绑扎好端头，用细钢丝刷清除表面氧化膜，保留涂料，导线端头出管处作印记	30	
	3	压接钢锚、铝管 1．在钢锚尾端压接第一模 2．第二模向钢锚端口顺序压接 3．钢锚压完后检查压接尺寸	压接位置正确，压后尺寸符合要求，弯曲度不应大于管长的 2%，压接或校直后的耐张线夹不应有裂纹，锉去飞边毛刺	40	

99

续表

	序号	项目名称	质量要求	满分	得分
评分标准	3	4. 铝管移到压接区，进行压接，先压尾部第一模，检查压接尺寸，跳过不压区，顺序压接 5. 耐张线夹弯曲度检查	压接位置正确，压后尺寸符合要求，弯曲度不应大于管长的2%，压接或校直后的耐张线夹不应有裂纹，锉去飞边毛刺	40	
	4	动作要领	动作熟练流畅	5	
	5	安全要求	操作人员头部应在液压钳侧面并避开钢模，防止钢模压碎飞出伤人	5	
	6	质量要求	掌握标准、正确测量，判断正确，处理恰当	5	
	7	压接记录、打钢印	压接管上打钢印，记录完整	5	
	8	清理现场	工具、材料放回原处，放置整齐	5	
备注			30min 停止操作		
总分					

备注：
1. 以上每项得分扣完为止。
2. 超过规定时间50%，考评人员可下令终止操作。
3. 出现重大人身、器材和操作安全隐患，考评人员可下令终止操作。
4. 设备、作业环境、安全带、安全帽、工器具等不符合作业条件考评人员可下令终止操作。

考评组长：　　　　　　考评员：　　　　　　作业人员签名：

附件 11-2

压接数据记录表

钢管	压前值 （mm）	外径 D	最大	
			最小	
		内径 d	最大	
			最小	
		长度		
	压后值 （mm）	对边距 S	最大	
			最小	
		长度		
铝管	压前值 （mm）	外径 D	最大	
			最小	
		内径 d	最大	
			最小	
		长度		
	压后值 （mm）	对边距 S	最大	
			最小	
		长度		
压接管清洗是否干净				
压接管压前外观检查				
切割单股铝丝时，钢芯是否有损伤				
钢管压后是否防腐处理				
压接人姓名（考生）				
钢印代号				

12 SF_6气体回收充气装置的操作实操培训项目

一、课程安排

SF_6气体回收充气装置的操作培训项目计划16学时,培训内容包括安全培训、SF_6气体回收充气装置的操作理论培训(含前期作业准备、SF_6气体回收充气装置操作流程等)、SF_6气体回收充气装置实操培训及考核。

二、培训对象

适宜新进厂员工。

三、培训目标

(1)通过理论学习,了解SF_6气体回收充气装置操作流程及注意事项。
(2)经过现场实际操作,能熟练操作SF_6气体回收充气装置。

四、培训内容

(一)前期准备

1.场地准备

SF_6断路器或GIS设备1台,附近可接380V电源。

12 SF$_6$气体回收充气装置的操作实操培训项目

2．材料、机具准备

材料、机具准备见表12-1。

表 12-1　　　　　　　　材料、机具准备

序号	名称	规格型号	单位	数量	备注
1	SF$_6$气体回收充气装置	B120R21	台	1	
2	SF$_6$气体		瓶	1	
3	SF$_6$气瓶		瓶	1	空瓶
4	真空管		m	20	
5	接线工具		套	1	用于电源接入
6	生料带		卷	3	
7	分子筛		个	2	
8	棘轮扳手		把	3	配17、19、21、24、27、30套筒
9	梅花扳手	17-19、21-24、27-30	把	各2	
10	大活动扳手		把	2	
11	真空表		个	1	
12	检漏仪		台	1	
13	温湿度计		个	1	
14	试管刷		把	3	
15	真空记录表		张	2	用于记录真空度
16	签字笔		支	2	用于记录真空度
17	塑料薄膜	1m×3m	张	3	用于检漏包扎
18	透明胶		卷	1	用于检漏包扎

（二）实操流程

B120R21结构原理如图12-1所示，B120R21操作面板示意如图12-2所示。

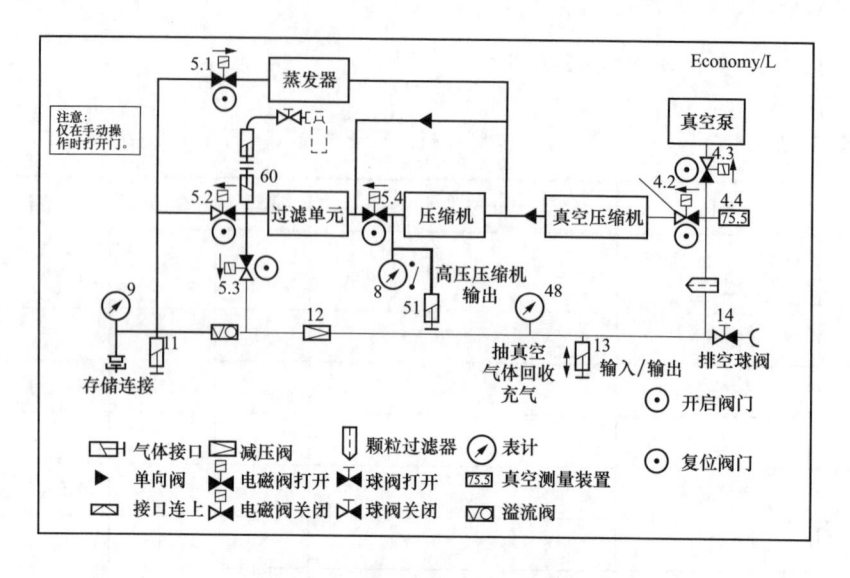

图 12-1　B120R21 结构原理图

图 12-2　B120R21 操作面板示意图

1．装置运行前检查

（1）电源：正确连接好所需电源。

（2）装置使用前先对装置自身、储气罐及真空管道进行抽真空处理，避免造成 SF$_6$ 气体污染。

2．对开关设备抽真空

（1）用真空管将开关设备与装置进口端连接。

（2）打开充气减压阀和开关设备的阀门。

（3）将"功能"开关设在"1：抽真空"。

（4）按下绿色"自动功能"按钮开始抽真空，直到开关设备真空度达到稳定；按下"自动功能"停止抽真空。

3．回收储存

（1）对储气罐及真空管进行抽真空处理。

（2）将开关设备气室、储气罐连至回收装置，打开储气罐球阀。

（3）将"功能"开关设置在"2：回收和储存 SF$_6$ 气体"。

（4）在达到要求的回收压力后，按下红色"自动功能"按钮，停止气体回收功能。

4．利用储存容器内部压力充气

（1）对真空管抽真空（方法同上）。

（2）将"功能"开关设在"3：充入 SF$_6$ 气体"，先不要连接任何开关设备气室。

（3）按下绿色"自动功能"按钮启动充气功能，启动蒸发器和电磁阀，在蒸发器达到功能做温度后，蒸发器前的电磁阀会自动打开。

（4）调节减压阀到要求的充气压力。

（5）用真空管将开关设备与装置连接，再次启动"自动功能"。

（6）当气体压力达到平衡时，按下绿色"压缩机"按钮手动启动压缩机。

（7）在达到要求的充气压力后，按下红色停止功能。

五、考核要求

（1）理论考试。满分 100 分，题型有选择题、判断题、简答题或论述题，考试时间 60min，60 分合格。

（2）实操考核。按 3 人为一组分配，1 人负责操作装置，2 人负责管道连接，分别全过程操作完成一次，操作时长 120min，60 分合格。具体考评标准见附件 12-1。

附件 12-1

SF$_6$气体回收充气装置操作评分表

考生编号：		姓名：		年 月 日	
考核时限	120min		标准分	100分	
开始时间		结束时间		时长	
试题名称	SF$_6$气体回收充气装置操作				
需要说明的问题和要求	1. 实际操作题，考核场地为鉴定基地或施工现场，由考评员交代考核内容及注意事项。 2. 现场闲置设备，做好安全措施。 3. 配合1名工人，要求操作熟练，符合工艺规范要求				
工具、材料、设备、场地	SF$_6$气体回收充气装置1台，SF$_6$气瓶1个；常用电工工具，备品、备件，消耗材料，检漏仪等；SF$_6$断路器或GIS设备1台				
评分标准	序号	项目名称	质量要求	满分	得分
	1	装备工作	（1）电源系统符合要求。 （2）着装、工器具、材料合格、齐全。 （3）技术资料准备（包括本装置使用说明书有关标准及SF$_6$气体试验报告）。 （4）消防设施、安全措施完善	15	
	2	装置检查	（1）严格按照每一个功能的操作顺序进行操作。 （2）主要内容包括：装置外观、电源连接、操作顺序表、正确操作阀门、正确启动真空泵及装置抽真空、回收储存充气、气体干燥净化、分子筛再生能力、回收SF$_6$气体过程中将SF$_6$气体充灌入钢瓶	10	
	3	回收SF$_6$气体操作	（1）遵守装置使用说明书要求，绝对防止误操作，保证SF$_6$气体纯度，防止SF$_6$污染及对外污染。 （2）主要内容包括：电源检查、各个过程阀门操作顺序正确，装置和连接管道抽真空，压缩机运转符合要求，储存容器内压力检查不低于1.0MPa，依次开启断路器设备阀门和装置相应阀门及设备启动，对SF$_6$气体进行回收，同时进行净化和储存回收SF$_6$气体。 （3）回收过程中各监视仪表指示正常	25	

续表

	序号	项目名称	质量要求	满分	得分
评分标准	4	对断路器或GIS其他气室抽真空方法	（1）采用专用连接管道并清洁、干燥，正确连接断路器设备与回收充气装置。 （2）遵守装置使用说明书要求，真空度为133.3Pa时抽半小时，停泵半小时，记下真空值A，再隔5h，读真空值B，若$B\text{-}A$<133.3Pa，认为合格	15	
	5	利用储存器内部压力充气利用压缩机充气	（1）遵守装置使用规定和有关SF_6设备检修导则。 （2）遵守装置使用规定及SF_6气体安全防护暂行规定。 （3）应预先对管道抽真空。 （4）操作顺序正确，阀门开启方法正确	15	
	6	填写施工记录	齐全、正确	10	
	7	安全、文明作业及清理现场	（1）执行安全工作规程、环境清洁、无野蛮作业。 （2）及时清理废料、清扫现场，工器具摆放整齐	10	
备注			120min 停止操作		
总分					

备注：
1. 以上每项得分扣完为止。
2. 超过规定时间50%，考评人员可下令终止操作。
3. 出现重大人身、器材和操作安全隐患，考评人员可下令终止操作。
4. 设备、作业环境、安全带、安全帽、工器具等不符合作业条件考评人员可下令终止操作。

考评组长： 考评员： 作业人员签名：

13 隔离开关调节实操培训项目

一、课程安排

隔离开关调节实操项目计划 16 学时（每组 6 人，配 1 台吊车、1 台登高作业车），培训内容包括隔离开关调节基础知识理论、设备检查拍照、拆卸教学刀闸、安装底座、安装绝缘子及隔刀、安装连杆、调节隔刀。

二、培训对象

适宜新进厂员工和一线员工。

三、培训目标

（1）通过理论学习，了解隔离开关的结构、工作原理和用途。

（2）经过现场实际操作，熟练掌握隔离开关的安装顺序及安装技巧。

（3）掌握操作吊车吊装及登高作业车使用的安全注意事项。

四、培训内容

（一）实操流程

1．操作前的准备

（1）检查吊车、登高作业车、吊具是否在保养维护期内，是否为检测合格。

（2）准备好调节隔离开关用的工具及材料，检查是否齐全、合格。

（3）了解吊装及登高作业环境，核实安全风险。

2．隔离开关调节基础知识

（1）设备底座连接螺栓应紧固，同相磁柱中心线在同一垂直平面内，同组隔离开关应在同一直线上，偏差≤5mm。支架标高偏差≤5mm，垂直度≤5mm，顶面水品度≤2mm/m。

（2）检查瓷件无损伤、绝缘子支柱与法兰结合面胶合牢固。

（3）选取合理的设备吊装点进行吊装，保证本体平稳起吊，保障瓷件完好。

（4）操动机构安装牢固，固定支架工艺美观，机构轴线与底座轴线重合，偏差≤1mm，同一轴线上的操动机构安装位置应一致。

（5）接地开关转轴上的扭力弹簧或其他拉伸式弹簧应调整到操作力矩最小，并加以固定。

（6）隔离开关、接地开关垂直连杆与隔离开关、机构间连接部分应紧固，垂直，焊接部位牢固、平整。

（7）轴承、连杆及拐臂等传动部件机械运动应顺滑，转动齿轮应咬合准确，操作轻便、灵活。

（8）定位螺钉应按产品的技术要求进行调整，并固定。

（9）所有传动部分应涂以适合当地气候条件的润滑脂。

（10）电动操作前，应先进行多次手动分、合闸，机构应轻便、灵活，无卡涩，动作正常。

（11）电动机的转向应正确，机构的分、合闸指示应与设备的实际分、合闸位置相符。

（12）电动操作时，机构动作应平稳，无卡阻、冲击异常声响等情况。

（13）螺栓紧固力矩达到要求。

（二）材料、工具准备

材料、工具准备见表13-1。

表 13-1　　　　　　　　　　材料、工具准备

序号	名称	规格型号	单位	数量	单价	总价	备注
1	工具车	1.2m×0.5m×1m	台	1			
2	吊车	16t	台	1			每个工位
3	登高作业车	16m	台	1			每个工位
4	安全带		副	若干			
5	安全帽		顶	若干			
6	吊带	圆圈型 3m/2t	副	1			每个工位
7	工具袋		个	3			
8	卸扣	3t	个	若干			
9	水平尺	500mm	把	若干			
10	磁力线锤		把	若干			每工位2个以上
11	尖尾扳手	24号	把	1			每个工位
12	梯子	3m	把	2			每个工位
13	脚手架		副	3			每个工位
14	地板革		m	若干			放拆卸设备
15	铁丝	14号	卷	1			捆刀闸
16	力矩扳手	200N	把	2			
17	摇手		把	2			每个工位
18	套筒扳手	6-32	套	1			每2个工位
19	活动扳手	18"	把	2			每个工位
20	活动扳手	12"	把	2			每个工位
21	活动扳手	10"	把	2			每个工位
22	棘轮扳手	17号、19号、22号、24号	把	2			每个工位各2
23	套筒子	17号、19号、22号、24号带加长杆	块	3			每个工位各2
24	钢板尺	0.5m	把	2			
25	卷尺	10m、5m	把	2			每个工位
26	角尺		把	1			每个工位

续表

序号	名称	规格型号	单位	数量	单价	总价	备注
27	纱手套		副	40			
28	帆布手套		副	40			
29	医药箱	普通外伤用	个	1			
30	钢丝钳		把	1			每个工位

（三）安全培训

（1）作业前应进行详细的技术交底，作业人员应清楚作业任务、危险点及其控制措施。

（2）作业劳保用品应齐全、合格。

（3）对垂直设置的隔离开关，其静触头必须使用升降车或升降平台进行安装和调整，严禁利用吊车吊筐作业，应使用绳索传递工具、材料。

（4）地面配合人员，应站在可能坠物的坠落半径以外。

（5）高处作业人员使用的工具及材料必须设防坠绳。

（6）吊装过程中设专人指挥，指挥人员应站在能全面观察到整个作业范围及吊车司机和司索人员的位置，对于任何工作人员发出紧急信号，必须停止吊装作业。

（7）作业人员不可站在吊件和吊车臂活动范围内的下方，在吊物距就位点的正上方200~300mm稳定后，作业人员方可开始进入作业点。

（8）安装底座时应使用吊车进行，作业人员宜站在平台或马凳上安装，双手扶持在底座下部侧面，严禁一手在上一手在下。

（9）作业人员搭设平台安装时，平台护栏应安装牢固，支撑点坚固，防止倾倒，安全带系在护栏上。

（10）使用马凳进行安装时，应将马凳放置牢固并有人扶持；传递工具、材料要使用传递绳，不得抛掷。

（11）严禁攀爬隔离开关绝缘支柱作业。

（12）隔离开关在搬运时必须处于合闸位置。解除捆绑螺栓时，作业人员应在主闸刀的侧面，手不得扶持导电杆，避免主闸刀突然弹起伤及人身。

（13）高处调整宜使用登高作业车，不得攀爬绝缘子。

（14）作业人员不得手拿工具或材料攀登隔离开关支架。

（15）支架上作业人员必须系好安全带，用绳索上、下传递工器具。

（四）考核要求

（1）理论考核。满分100分，题型有选择题、判断题、简答题或论述题，考试时间30min，60分合格。

（2）实操考核。具体考评标准见附件13-1。

附件 13-1

隔离开关安装操作评分表

考生编号：　　　　　　　　姓名：　　　　　　　年　　月　　日

课题名称			隔离开关调节				
考核时间		30min	题型	B	题分	100 分	
试题正文			220～500kV 隔离开关安装的施工流程和流程作业施工工艺质量要求				
需要说明的问题或要求			1. 口述及辅助书写答辩题。 2. 由考评员交代考核内容及要求				
设备、场地、工具、材料			教室、粉笔、黑板、笔、纸张、评分登记表				
评分标准	序号	项目名称	质量要求		满分	扣分	得分
	1	施工流程	施工流程完整、合理、具有操作性		20	主要缺项每处扣 3 分，不合理或不宜操作每处扣 1 分	
	2	施工准备	（1）现场布置：合理布置现场，包括隔离开关附件和吊车位置等。 （2）技术资料：厂家说明书、实验报告、保管记录齐全。 （3）人员组织：技术负责人（含技术服务人员），安装、试验负责人，安全、质量负责人，安装、试验人员。 （4）机具及材料：吊车、汽车，吊装机具（包括专用吊具），专用工具和专用材料（产品附带）等		10	主要缺项每处扣 2 分，叙述不完整或不清晰每处扣 1 分	
	3	基础复测和设备支架	（1）基础的标高、根开尺寸及平面位置应符合设计，支柱垂直度及轴线偏差应不大于 5mm，支柱同组水平度误差不大于 2mm。 （2）支架构件的焊接应牢固		10	主要缺项每处扣 2 分，不合理或不恰当每处扣 1 分	
	4	设备安装	（1）吊装应选择满足相应设备的钢丝绳或吊带以及卸扣。 （2）隔离开关底座与设备支架安装应正确。		15	主要缺陷每处扣 3 分，不合理或不恰当每处扣 1 分	

13 隔离开关调节实操培训项目

续表

	序号	项目名称	质量要求	满分	扣分	得分
评分标准	4	设备安装	（3）支柱绝缘子瓷柱弯曲度控制在规范规定的范围内，瓷柱与法兰结合面胶合牢固。 （4）支柱绝缘子安装应垂直于底座平面且连接牢固。同相各绝缘子柱的中心线应在同一垂直平面内。 （5）隔离开关的各支柱绝缘子间应连接牢固，安装时可用金属垫片校正其水平或垂直偏差，使触头相互对准、接触良好。 （6）检查处理导电部分连接部件的接触面，用细砂纸清除氧化物，清洁后涂以复合电力脂连接。 （7）使用细砂纸处理动静触头接触面氧化物，清洁光滑后涂上薄层中性凡士林油。 （8）均压环应安装牢固、平整，检查均压环无划痕、碰撞产生的毛刺，寒冷地区均压环应有滴水孔。 （9）隔离开关组装完毕，应用力矩扳手检查所有安装部位螺栓的力矩值符合产品技术要求。 （10）操动机构应安装牢固。操动机构轴线与底座轴线重合，偏差≤1mm，同一轴线上的操动机构安装位置应一致	15	主要缺陷每处扣3分，不合理或不恰当每处扣1分	
	5	调整、检查及接地	（1）隔离开关主刀、接地刀垂直连杆与隔离开关、机构间连接部分应紧固，垂直，焊接部位牢固、平整。 （2）轴承、连杆及拐臂等传动部件机械运动应顺滑，转动齿轮应咬合准确，操作轻便、灵活。 （3）接地刀刃转轴上的扭力弹簧或其他拉伸式弹簧应调整到操作力矩最小，并加以固定。 （4）定位螺钉应按产品的技术要求进行调整，并加以固定。 （5）所有传动部分应涂以适合当地气候条件的润滑脂。 （6）电动机构、转动装置、辅助开关及加热锁装置应安装牢固，动作灵活、可靠，位置指示正确，机构箱密封良好。电动操作前，应先进行多次手动分、合闸。 （7）电动机的转向应正确，机构动作应平稳，无卡阻、冲击异常声响等情况。机构的分、合闸指示应与设备的实际分、合闸位置相符。	15	主要缺项每处扣2分，不合理或不恰当每处扣1分	

续表

	序号	项目名称	质量要求	满分	扣分	得分
评分标准	5	调整、检查及接地	（8）分闸时，触头断口距离和打开角度应符合产品的技术规定。 （9）触头接触应紧密良好，插入深度或夹紧力符合产品技术要求。 （10）隔离开关分、合闸定位螺栓调整尺寸符合产品技术规定。 （11）所有安装、调整螺栓紧固达到力矩规范标准。 （12）油漆应完整、相位标志正确，接地可靠（其中，接地刀需要辅助接地与接地干线连接），设备清洁	15	主要缺项每处扣2分，不合理或不恰当每处扣1分	
	6	电气试验	电气试验按照 GB 50150《电气装置安装工程 电气设备交接试验标准》进行，试验结果必须与产品试验报告进行比对	10	缺项或不合理每处扣2分	
	7	质量验评	（1）开箱检查记录，安装检验、评定记录，电气试验报告。 （2）制造厂提供的产品说明书、试验记录、合格证件及安装图纸等技术文件。 （3）施工图纸及变更设计的说明文件，备品、备件、专用工具及测试仪器等	10	主要缺项每处扣3分，不完整每处扣1分	
	8	过程提问答辩	回答问题清晰、准确	10	回答错误每处扣3分，不全面每处扣1分	
备注：叙述过程出现不符合安全及劳动保护规定情况，每处扣2分						
合计						

备注：
1. 以上每项得分扣完为止。
2. 超过规定时间50%，考评人员可下令终止操作。
3. 出现违反安规操作规程将危及人员及设备安全情况下考评员应下令终止操作。

考评组长： 　　　　　考评员： 　　　　　作业人员签名：

14 主变压器滤油机组及真空泵操作实操培训项目（绝缘油处理）

一、课程安排

绝缘油处理培训项目计划 24 学时，培训内容包括安全培训、绝缘油处理理论培训、滤油机组及真空泵操作实操培训及考核。

二、培训对象

适宜新进厂员工。

三、培训目标

（1）通过理论学习，了解绝缘油处理流程及相关注意事项。

（2）经过现场实际操作，能够理解滤油机组及真空泵操作进行绝缘油处理工作。

四、培训内容

（一）前期准备

1. 场地准备

场地需配置滤油机组及真空泵、10t 储油罐（罐内配绝缘油 5t），带 380V

电源（空气开关不小于 200A）。

2．材料、机具准备

材料、机具准备见表 14-1。

表 14-1　　　　　　　　　　材料、机具准备

序号	名称	规格型号	单位	数量	备注
1	高真空净油机	VSD-12000ET	台	1	
2	储油罐	10t	台	1	
3	绝缘油		t	5	
4	接线工具		套	1	用于电源接入
5	真空滤油管	复合软管 ϕ50	m	30	
6	真空管	复合软管 ϕ50	m	30	
7	各种三通、接头及阀门		套	1	配套真空机和真空管使用
8	油桶	200L	个	2	
9	洗衣粉		包	1	
10	白布	1.2m 幅宽	m	20	
11	棉纱头		kg	2	
12	黄绿接地线	16mm^2	m	20	用于设备和油罐接地
13	无水乙醇		瓶	2	
14	灭火器		瓶	4	
15	生料带		卷	3	
16	镀锌铁丝	12 号	kg	2	
17	钢丝钳		把	1	
18	温湿度计		个	1	
19	帆布手套		双	3	

（二）实操流程

如图 14-1 为 VSD－12000ET 高真空滤油机操作面板图。

14 主变压器滤油机组及真空泵操作实操培训项目（绝缘油处理）

图 14-1 VSD－12000ET 高真空滤油机操作面板图

1．施工准备

（1）通过 4 个角上的 4 个螺旋千斤顶将带小车的滤油机固定在平坦的地面上。

（2）将足够长的电缆插入滤油机操作盘下部的电缆插入口，连接端子盒中的 RST 端子。

（3）连上电源，闭合上主电源（ELB1）和操作电源（MCB），确认电源灯（WL）是否点亮。如果不亮，就表示电缆连接反相。断开电源，在端口重新连接电缆，互换三相中的任意两相。

（4）用油管连接滤油机的进油口和储油槽的出油口，滤油机的出油口连接到变压器的进油口。连接紧密，以防漏油。

2．滤油机以及每个装置的运行模式

滤油机以及每个装置的运行模式见表 14-2。

表 14-2 滤油机以及每个装置的运行模式

装置号	真空油净化	油过滤	热油循环 w/o 真空	热油循环 w/t 真空	真空
V1	○	○	○	○	×
V2	×→○	○	○	×→○	×

续表

装置号	真空油净化	油过滤	热油循环 w/o 真空	热油循环 w/t 真空	真空
V3	×	×	×	×	×
V4	×	×	×	×	×
V5	×	×	×	×	×
V6	×	○	○	×	×
AV	×→○→×	×	×	×→○→×	×
DV1	×	×	×	×	×
DV2	×	×	×	×	×
DV3	×	×	×	○	×
VV1	○	×	×	○	×
VV2	×	×	×	×	○
WV1	○	×	×	○	○
WV2	○	×	×	○	○
WV3	×	×	×	×	×
WV4	×	×	×	×	×
GP1	△	○	○	△	×
GP2	△	×	×	△	×
WP	○	×	×	○	○
WC	○	×	×	○	○
H	△	×	△	△	×
MB	△	×	×	△	△
RVP	○	×	×	○	○

注 ○—打开或运行中；×—关闭或没有运行；△—打开并自动控制。

3．真空油净化

实际使用过程中，真空油净化、抽真空、绝缘油过滤3个项目可同时进行。

（1）开始运行。

1）闭合各电源开关（ELB1～5，MCB）。

14 主变压器滤油机组及真空泵操作实操培训项目(绝缘油处理)

2)打开水泵 WATERPUMP(CSL10)和水冷却器(CSL11)。

3)打开风扇 VENTILATIONFAN(CS4)和蜂鸣器(CS5),将增压泵 MECHANICAL BOOSTER(CSL2)开关置于自动位置。

4)将照明开关 ILLUMINATION(CS1,2)和信号灯开关(CS3)作相应设置。

5)打开真空泵(RVP),然后打开真空阀(VV1)。当真空槽(VC)的真空度上升至约 1kPa,助进真空泵(MB)自动启动。

6)打开外部储油槽的出油阀和变压器的进油阀。

7)打开进油阀(V1)和真空箱进油口的电动阀。然后打开进油泵(GP1)。

8)如果外部储油槽进来的油温低于 40℃,通过开关(CSL5~8)打开油加热器(1~4 号)。油温升高引起加热器频繁开关,利用开关(CSL5~8)调节加热能力。

9)当油位升至固定在真空槽上油位计的中间位置时,打开出油泵(GP2)。

10)打开后过滤器(FLT2)的排气阀(AV),油流出后关闭排气阀。

11)滤油机中油的净化遵循如图 14-2 所示路径。

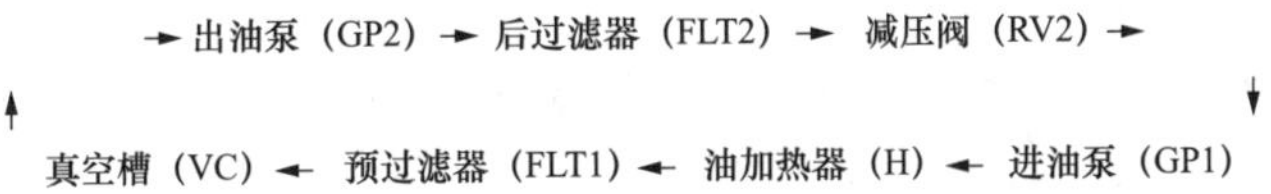

```
    → 出油泵(GP2) → 后过滤器(FLT2) → 减压阀(RV2) →
   ↑                                                    ↓
  真空槽(VC) ← 预过滤器(FLT1) ← 油加热器(H) ← 进油泵(GP1)
```

图 14-2 滤油机中油的净化路径

循环不断进行,直至相关读数进入如图 14-3 所示范围。

正常情况下各仪表的读数范围	
预过滤器喷射压力 (CG)	0.2~0.5MPa
后过滤器过滤压力 (DCG红色针)	0~0.4MPa
后过滤器送油压力 (DCG黑色针)	0~0.4MPa
加热器出口温度 (TM)	40~55℃(设定值45℃)
真空箱中真空度 (VGP)	<400Pa

图 14-3 正常情况下各仪表的读数范围

12）确定油温超过40℃，皮氏真空计（VGP）指示的真空度小于400Pa时，慢慢地完全打开出油阀（V2）。经过处理的油送入变压器。

13）不断检查滤油机是否正常运行。当切换油源时，特别注意真空度和油温。

（2）停止运行。

1）当油面增至接近变压器上标注的液位时，缓慢的关闭出油阀（V2）减少油流量。

2）当油面达到变压器上标注的液位时，完全关闭出油阀（V2）。油自动转回到内部循环。

3）关闭所有的油加热器开关（CSL5～8）。3～5min后关闭油泵。否则，加热器剩余的热量会继续加热留在加热器箱中的油，启动报警系统紧急停止滤油机。

4）停止出油泵（GP2），然后停止进油泵（GP1）。关闭真空槽进口的电机阀（MV）。

5）关闭真空阀（VV1）。依次停止助进真空泵（MB）和真空泵（RVP）。

6）关闭风扇（CS4）和蜂鸣器（CS5）。

7）关闭水泵（CSL10）和水冷却器（CSL11）。

8）关闭进油阀（V1）。

9）关闭所有电源开关（ELB1～5，MCB）。

4．绝缘油过滤

当滤油机仅用于过滤油或输送油时，过程如下：

（1）开始运行。

1）打开电源（ELB1，MCB）。

2）打开风扇（CS4）和蜂鸣器（CS5）。

3）打开外部存储设备到滤油机的阀门。

4）打开滤油机的进油阀和出油阀（V1，V2）以及旁通阀（V6）。

5）打开进油泵（GP1）。

6）确定油流经油流量计（FM）。

(2) 停止运行。

1）关闭进油泵（GP1）。

2）关闭进油阀和出油阀（V1，V2）以及旁通阀（V6）。

3）关闭外存储设备的阀门。

4）关闭风扇（CS4）和蜂鸣器（CS5）。

5）切断电源（ELB1，MCB）。

5．抽真空

(1) 开始运行。

1）打开电源（ELB1～5，MCB）。

2）打开风扇（CS4）和蜂鸣器（CS5）。

3）打开水泵（CSL10）和水冷却器（CSL11）。

4）打开真空泵（RVP）。

5）逐渐地完全打开真空口的真空阀（VV2）。

6）将助进真空泵（MB）设置为自动。当真空槽中（VC）的真空度升至约 1kPa 时，增压泵自动打开。

(2) 停止运行。

1）关闭真空阀（VV2）。

2）停止助进真空泵（MB），然后是真空泵（RVP）。

3）关闭风扇（CS4）和蜂鸣器（CS5）。

4）关闭水泵（CSL10）和水冷却器（CSL11）。

5）切断电源（ELB1～5，MCB）。

6．热油循环

(1) 带真空的热油循环。

1）开始运行。

a. 用软管分别连接滤油机的进油口/出油口到变压器的出油口/进油口。

b. 完全打开真空捕油阱（TR）的双向阀（DV3）。

c. 打开电源（ELB1～5，MCB）。

d. 将油温设置在80℃（CONTROL）。

e. 设置油温报警值为120℃。

f. 打开水泵（CSL10）和水冷却器（CSL11）。

g. 打开风扇（CS4）和蜂鸣器（CS5）。增压泵（CSL2）设置为自动。

h. 打开真空泵（RVP），然后是真空阀（VV1）。当真空槽中（VC）的真空度升至约1kPa时，助进真空泵（MB）自动打开。

i. 打开变压器的进油阀/出油阀。

j. 打开真空槽进油口的进油阀（V1）和电动阀（MV），打开进油泵（GP1）。

k. 打开1～4号油加热器（CSL5～8）。

l. 当油位升至液位计中间时，打开出油泵（GP2）。

m. 打开后过滤器（FLT2）的调压阀（AV），油溢出后关闭。

n. 逐渐的完全打开出油阀（V2）。油开始在滤油机和变压器间循环。

2）停止运行。

a. 关闭出油阀（V2），使油在滤油机中循环。

b. 关闭1～4号油加热器（CLS5～8）。油需要冷却3～5min。

c. 停止出油泵（GP2），然后是进油泵（GP1）。关闭真空槽进油口的电动阀（MV）。

d. 关闭真空阀（VV1）停止助进真空泵（MB），然后是真空泵（RVP）。

e. 关闭水泵（CSL10）和水冷却器（CSL11）。

f. 关闭风扇（CS4）和蜂鸣器（CS5）。

g. 关闭进油阀（V2）。

h. 将温度值重新设置（CONTROL）为45℃，温度报警设置为80℃。

i. 关闭真空阱（TR）中的回油阀（DV3）。

j. 切断电源（ELB1~5，MCB）。

（2）不带真空的热油循环。

1）开始运行。

a. 用真空管管分别连接滤油机的进油口/出油口到变压器的出油口/进油口。

b. 打开电源（ELB1~5，MCB）。

c. 将油温设置在80℃（CONTROL）。

d. 设置油温报警值为120℃。

e. 打开风扇（CS4）和蜂鸣器（CS5）。

f. 打开进油阀和出油阀（V1，2），变压器的出油阀和进油阀，旁通阀（V6）。

g. 打开进油泵（GP1）和1~4号油加热器（CSL5~8）。油开始在滤油机和变压器间循环。

2）停止运行。

a. 关闭1~4号油加热器（CLS5~8）。油需要冷却3~5min。

b. 关闭进油泵（GP1）。

c. 关闭进油阀和出油阀（V1，2），变压器的出油阀和进油阀，旁通阀（V6）。

d. 关闭水泵（CSL10）和水冷却器（CSL11）。

e. 将温度值重新设置（CONTROL）为45℃，温度报警设置为80℃。

f. 切断电源（ELB1~5，MCB）。

五、考核要求

（1）理论考试。满分 100 分，题型有选择题、判断题、简答题或论述题，考试时间 60min，60 分合格。

（2）实操考核。按 3 人为一组分配，分工合作，操作时长 60min，60 分合格。具体考评标准见附件 14-1。

14 主变压器滤油机组及真空泵操作实操培训项目（绝缘油处理）

附件 14-1

主变压器滤油机组及真空泵操作评分表

考生编号：　　　　　　　　姓名：　　　　　　　年　　月　　日

考核时限	60min	标准分		100 分	
开始时间		结束时间		时长	
试题名称			绝缘油处理		
需要说明的问题和要求		1. 实际操作题，考核场地为鉴定基地或施工现场。 2. 由考评员交代考核内容及注意事项。 3. 由一名工人配合，要求操作熟练，符合技术要求。 4. 使用真空净油机进行，现场安全措施符合安规要求			
工具、材料、设备、场地		高真空净油机 1 台，10t 储油罐 1 个，绝缘油 5t，电源、净化绝缘油用的工器具和消耗性材料按检修工艺配备			

评分标准	序号	项目名称	质量要求	满分	得分
	1	准备工作	（1）电源系统符合要求。 （2）着装、工器具、材料合格、齐全。 （3）油罐储油量满足要求、清洁不渗漏。 （4）净油机和储油罐布置合理，油管路清洁无油垢，密封良好，设备可靠接地，电源相序正确，各装置运行正常。 （5）检查绝缘油质量状况应符合标准要求（核对绝缘油化验报告）。 （6）消防设施、安全措施完善	30	
	2	真空净油机启动操作	（1）操作程序正确，满足使用说明书要求。 （2）主要内容包括启动真空泵，开启真空阀门，启动 1、2 级增压泵，开启进油阀门和排油泵，内循环 20~30min 操作，真空度和油温控制等	20	
	3	真空净油机故障处理	（1）会分析，会处理故障。 （2）主要内容包括电源系统判断，真空泵系统运转和真空度要求，罐内油位和泡沫状态，进、排油量量控制等	20	
	4	净化处理后的绝缘油检查	（1）滤油机出口取样方法正确。 （2）经过高真空净化处理的绝缘油，应达到电气设备交接试验标准	10	

续表

	序号	项目名称	质量要求	满分	得分
评分标准	5	填写过程记录	齐全、正确	10	
	6	安全文明绝缘油处理及清理现场	（1）执行安全工作规程、环境清洁、无野蛮作业。 （2）及时清理废料、清扫现场，工器具摆放整齐	10	
备注			120min 停止操作		
总分					

备注：
1. 以上每项得分扣完为止。
2. 超过规定时间 50%，考评人员可下令终止操作。
3. 出现重大人身、器材和操作安全隐患，考评人员可下令终止操作。
4. 设备、作业环境、安全带、安全帽、工器具等不符合作业条件考评人员可下令终止操作。

考评组长： 考评员： 作业人员签名：

电缆支架安装实操培训项目

一、课程安排

电缆支架安装实操项目计划 24 学时（每条电缆沟 1 个人，电缆支架安装过程应有 2 人协助），培训内容包括电缆支架加工制作、电缆支架安装、电缆支架接地等。

二、培训对象

适宜新进厂员工和一线员工。

三、培训目标

（1）通过实操培训，了解电缆支架安装的工序及工艺标准。

（2）经过现场实际操作，熟练使用电缆支架安装工具，掌握电焊机、切割机的使用技巧。

四、培训内容

（一）实操流程

1．操作前的准备

（1）电缆支架安装前应核对图纸检查。检查其型号、规格应符合设计要求，电缆支架外观完好，无变形，镀锌层无脱落，资料齐全。

（2）检查电焊机、焊帽、焊把、切割机械、锯条、焊工手套、直尺、画笔、榔头等工具是否齐全，检查焊条、角钢、扁铁、油漆等耗材是否齐全。

（3）熟悉图纸，了解周边环境，检查周围孔洞临时封堵是否完善等，核实安全风险。

2．电缆支架安装

（1）电缆支架加工制作（见图 15-1）。

1）选用的钢材应平直，无明显扭曲。下料误差应在 5mm 范围内，切口应无卷边、毛刺。

2）支架应焊接牢固，无显著变形。各横撑之间的垂直净距与设计偏差不应大于 5mm。

3）金属电缆支架必须进行反腐处理。位于湿热、盐雾以及有化学腐蚀地区时，应根据设计做特殊反腐处理。

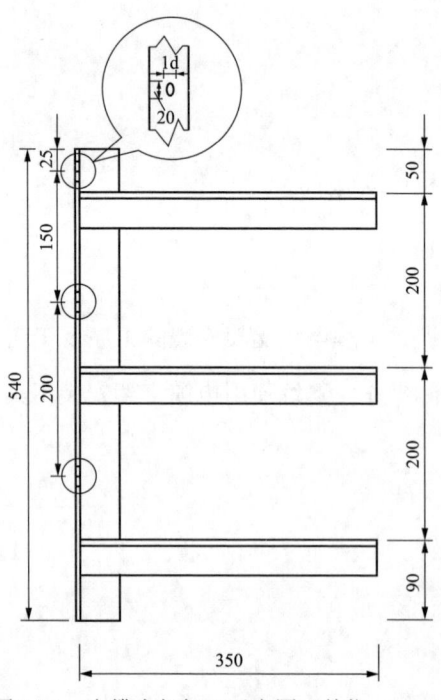

图 15-1 电缆支架加工示意图（单位：mm）

4）电缆支架的层间允许最小距离，当设计无规定时，可采用表 15-1 的规定。但层间净距不应小于两倍电缆外径加 10mm，35kV 及以上高压电缆不应小于 2 倍电缆外径加 50mm。

表 15-1　　　　　电缆支架的层间允许最小距离值　　　　　单位：mm

电缆类型和敷设特征		支（吊）架	桥架
控制电缆		120	200
电力电缆	10kV 及以下（除 6～10kV 交联聚乙烯绝缘外）	150～200	250
	6～10kV 交联聚乙烯绝缘 35kV 单芯	200～250	300
	35kV 三芯 110kV 及以上，每层多于 1 根	300	350
	110kV 及以上，每层 1 根	250	300
电缆敷设于槽盒内		$h+80$	$h+100$

注　h 表示槽盒外壳高度。

（2）电缆支架安装。

1）根据设计要求，电缆沟内所有电缆支架均利用预埋螺栓在电缆沟侧壁进行固定，电缆沟支架间隔为 0.8m 一个，左右两侧并排错开布置，所有电缆支架安装高度应一致，安装时可利用琴线辅助调整。

2）电缆支架按成套加工，左右两副支架朝向一致，安装时应仔细核对，避免装反。如图 15-2 所示为电缆支架安装图。

3）电缆支架应安装牢固，横平竖直；托架支吊架的固定方式应按设计要求进行。各支架的同层横档应在同一水平面上，其高低偏差不大于 5mm。在有坡度的电缆沟内或建筑物上安装的电缆支架，应有与电缆沟或建筑物相同的坡度。

（3）电缆支架接地。

1）所有电缆支架均需接地，支架采用热镀锌扁钢接地，每隔 30m 与电缆沟内主接地网焊接。

图 15-2　电缆支架安装图

2）金属电缆支架、桥架及竖井全长均必须有可靠的接地。

（二）材料、工具准备

材料、工具准备见表 15-2。

表 15-2　　　　　　　　材料、工具准备

序号	名称	规格型号	单位	数量	单价	总价	备注
1	小型货架	1.5m×0.5m×1.9m	个	1			
2	电焊机	300A	套	1			
3	水平尺		把	2			
4	电锤		把	2			
5	直尺		把	2			
6	砂轮切割机	380V	套	1			
7	锤子	8P	把	2			
8	锉刀		把	2			
9	墨斗		个	2			
10	电源盘	220V	个	2			
11	螺丝刀（十字）	杆长 150mm	把	2			
12	螺丝刀（一字）	杆长 150mm	把	2			
13	活动扳手		把	2			
14	钢卷尺	5m	把	2			

续表

序号	名称	规格型号	单位	数量	单价	总价	备注
15	记号笔		盒	1			
16	警示牌、安全/质量控制牌		块	3			
17	医药箱		个	1			
18	纱手套		副	10			
19	安全帽		个	5			
20	镀锌角钢	50×50×5	m	若干			
21	镀锌角钢	40×40×5	m	若干			
22	镀锌扁铁	−50×5	m	若干			
23	膨胀螺栓	M12×80	套	若干			

（三）安全培训

（1）作业前应进行详细的技术交底，作业人员应清楚作业任务、危险点及其控制措施。

（2）作业劳保用品应齐全、合格。

（3）切割钢材时，应佩戴护目镜，防止火星伤人。

（4）支架加工时，操作人员必须佩戴防护面罩及确认焊接可靠接地。

（5）电源开关应带剩余电流动作保护器，并进行试跳合格。

五、考核要求

（1）理论考核。满分100分，题型有选择题、判断题、简答题或论述题，考试时间30min，60分合格。

（2）实操考核。具体考评标准见附件15-1。

附件 15-1

电缆支架安装操作评分表

考生编号：　　　　　　　姓名：　　　　　　　年　　月　　日

考核课题	电缆支架安装				
考核时间	60min				
需要说明的问题或要求	1. 实际操作题，考核场地未鉴定基地。 2. 要求单独进行操作。 3. 严格考核制作工艺。 4. 安全文明操作				
设备、场地、工具、材料	户外电缆沟、电焊机、角钢、焊条、切割机、焊工手套、直尺、记号笔、锤子、电锤等				
评分标准	序号	项目名称	质量要求	满分	扣分	得分
	1	准备工作	提前准备好材料和工机具	15	不充分或不合理每项扣2分	
	2	画线、下料	根据所提供的工具画线、下料；误差在2mm以内；材料校直，切口无卷边，无毛刺	20	操作方法错误每项扣8分，误差超标每项求扣5分	
	3	支架组焊	焊接均匀，不咬肉，无夹渣和气孔；厚度不少于5mm	20	焊接过程操作不规范每项扣5分，焊接质量不合要求每项扣5分	
	4	支架安装	电缆支架应安装牢固，横平竖直；各支架的同层横档应在同一水平面上。电缆沟支架间隔为0.8m一个，左右两侧并排错开布置	25	主要缺项每处扣5分，不美观每处扣2分	
	5	安全文明施工	（1）现场清理，及时清理废料、清扫现场，工器具摆放整齐。 （2）安全、文明操作、无伤害	20	不文明操作每处扣3分，一般事故扣10分，清理不规范扣3分	

续表

备注：出现不安全或不正确使用劳保用品情况每处扣 2 分，违反操作规程本鉴定为 0 分
合计：

备注：
1. 以上每项得分扣完为止。
2. 超过规定时间 50%，考评人员可下令终止操作。
3. 出现违反安规操作规程将危及人员及设备安全情况下考评员应下令终止操作。

考评组长：　　　　　　考评员：　　　　　　作业人员签名：

16 电气二次屏柜安装实操培训项目

一、课程安排

电气二次屏柜安装实操项目计划 24 学时（每面屏柜 1 个人，屏柜安装过程应有 3 人协助），培训内容包括屏柜基础检查及处理、屏柜就位及组立、屏柜接地、整体检查。

二、培训对象

适宜新进厂员工和一线员工。

三、培训目标

（1）通过实操培训，了解二次屏柜安装的工序及工艺标准。

（2）经过现场实际操作，熟练使用二次屏柜安装工具，掌握水准仪、线锤使用技巧。

四、培训内容

（一）实操流程

1．操作前的准备

（1）屏柜安装前应开箱检查。检查其型号、规格应符合设计要求，设备外观完好，无损伤，附件、备件齐全、技术文件齐全，且有产品合格证。

（2）检查水准仪、水平尺、线垂、角尺、撬棍、锤子、电钻、电源盘等工具是否齐全，检查木块、垫片、地脚螺栓等耗材是否齐全。

（3）熟悉图纸，了解周边环境，检查周围孔洞临时封堵是否完善等，核实安全风险。

2．二次屏柜安装

（1）屏柜基础检查。

1）屏柜作业前，应利用水准仪、水平尺对基础槽钢的水平度进行检查，如水平度不满足要求，可利用角磨机对基础槽钢高差进行调整，确保预埋槽钢安装应符合表 16-1 的要求。

表 16-1　　　　　　　　　　基础槽钢标准表

项目	允许误差	
	mm/m	mm/全长
不直度	<1	<5
水平度	<1	<2
位置误差及不平行度	—	<5

2）屏柜安装前，应仔细阅读施工图纸，仔细核对屏柜安装位置，并在安装位置标明屏柜号。

3）应在开箱后的屏柜上注明屏柜的安装位置，以便把屏柜运到正确位置，在安装位置正确标注屏柜型号，以确保屏柜对应安装。

（2）屏柜安装。

1）屏柜就位。

a．屏柜搬运到安装位置后使用撬棍及锤子微调与基础槽钢边垂直，使用锤子调整屏柜位置时需增加木块保护屏柜外壳及油漆面，不可直接使用锤子敲打屏柜外壳。使用角尺测量屏柜外壳与基础槽钢垂直后，在屏柜底部预留安装孔，使用记号笔于基础槽钢上标记安装孔位置。

b．移开屏柜，使用手电钻在基础槽钢安装孔位置钻孔，钻孔的过程中需对钻花钻头湿水处理，避免钻头温度过高损坏钻头。

c．使用丝攻将孔洞攻丝时，先插入头锥使丝锥中心线与钻孔中心线一致，两手均匀地旋转并略加压力使丝锥进刀，进刀后不必再加压力，每转动丝锥一次反转约45°以割断切屑，以免阻塞。头锥攻丝至底后改用二锥再攻丝一次即可。

d．恢复屏柜安装位置，安装地脚螺栓，使用线锤测量屏柜垂直度，确保屏柜顶部与底部垂直度偏差＜1.5mm。

2）屏柜组立。

屏柜组立前，土建图纸与电气图纸核对屏柜位置是否对应，然后在土建屏柜基础中间弹出两根基准线（见图16-1中虚线），按屏柜布置图确定屏柜的安装位置。

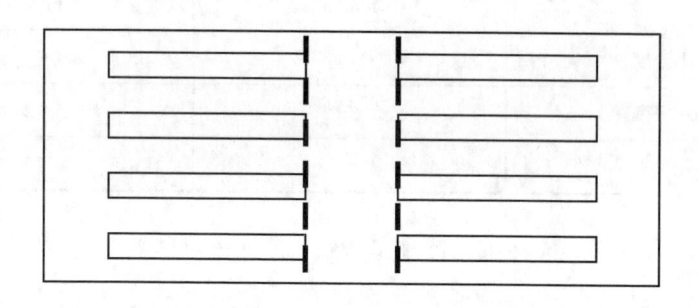

图16-1 屏柜布置示意图

a．每一排第一块屏柜安装时，应从两个方向找正。

b．第一块屏柜找正完成后，根据屏柜底的预留孔标清螺栓安装点。

c．成排屏柜安装时，要注意屏柜面应在一条直线上；当屏柜的尺寸为非标准尺寸时，应以屏柜面对齐为准。

d．屏柜内设备及各构件间连接应牢固。

e．屏柜安装时，应注意保护屏柜的漆层不被损伤。

f. 屏柜单独或成列安装时，其垂直度、水平偏差以及屏柜面偏差和屏柜间接缝的允许偏差应符合表 16-2 的要求。

表 16-2　　　　　　　　　　屏柜安装标准表

项　　目		允许偏差（mm）
垂直度（每 m）		<1.5
水平偏差	相邻两屏柜顶部	<2
	成列屏柜顶部	<5
屏柜面偏差	相邻两屏柜边	<1
	成列屏柜边	<5
屏柜间接缝		<2

3）屏柜固定应采用在基础型钢上钻孔后螺栓固定，不宜使用点焊的方式。如图 16-2 所示为屏柜安装示意。

图 16-2　屏柜安装

(3) 接地安装。

1) 屏柜要可靠接地，屏柜安装时不宜将屏柜直接与预埋件焊接到一起，可在屏柜内加接地桩头与接地网通过多股软铜线连接到一起，多股软铜线的截面面积应符合设计图纸及规范要求。

2) 屏柜的活动门应用满足设计要求的铜绞线可靠接地。

3) 屏柜内铜排接地与铜排的搭接螺栓应与铜排匹配，并不得串接地。

(4) 整体检查。

1) 检查屏柜就位的正确性、牢固性及水平偏差、垂直偏差是否满足规范要求。

2) 检查屏柜外表面油漆是否完整无损。

3) 检查屏柜接地是否符合规范。

4) 检查有关标识是否齐全、美观。

5) 每次作业结束后，应清除遗留的工机具及材料，做到"工完、料尽、场地清"。

（二）材料、工具准备

材料、工具准备见表16-3。

表16-3　　　　　　　　材料、工具准备

序号	名称	规格型号	单位	数量	单价	总价	备注
1	小型货架	1.5m×0.5m×1.9m	个	1			
2	水准仪		套	1			
3	水平尺		把	2			
4	线垂		个	2			
5	角尺		把	2			
6	撬棍	$L=800mm$	把	2			
7	锤子	8P	把	2			

续表

序号	名称	规格型号	单位	数量	单价	总价	备注
8	手电钻	手枪式	把	2			
9	手电钻	飞机头式	把	2			
10	电源盘	220V	个	2			
11	螺丝刀(十字)	杆长150mm	把	2			
12	螺丝刀(一字)	杆长150mm	把	2			
13	钢丝钳		把	2			
14	钢卷尺	5m	把	2			
15	铁丝		卷	1			
16	警示牌、安全/质量控制牌		块	3			
17	医药箱		个	1			
18	纱手套		副	10			
19	安全帽		个	5			
20	接地线	$\phi 50$	m	若干			
21	铜鼻子	DT-50	个	若干			
22	垫片		个	若干			
23	地脚螺栓	M10×25（一平一弹垫）	套	若干			

（三）安全培训

（1）作业前应进行详细的技术交底，作业人员应清楚作业任务、危险点及其控制措施。

（2）作业劳保用品应齐全、合格。

（3）转运屏柜时，应控制好力度，防止屏柜倾倒伤人及设备。

（4）机械加工时，操作人员必须确认电源及电动机具的完好性。

（5）电源开关应带剩余电流动作保护器，并进行试跳合格。

五、考核要求

（1）理论考核。满分 100 分，题型有选择题、判断题、简答题或论述题，考试时间 30min，60 分合格。

（2）实操考核。具体考评标准见附件 16-1。

附件 16-1

电气二次屏柜安装操作评分表

考生编号：　　　　　　　　姓名：　　　　　　　　年　　月　　日

考核课题	电气二次屏柜安装				
考核时间	30min				
需要说明的问题或要求	1. 实际操作题，考核场地未鉴定基地。 2. 要求单独进行操作。 3. 严格考核制作工艺。 4. 安全文明操作				
设备、场地、工具、材料	电气二次屏柜、二次设备室、水准仪、水平尺、线锤、手电钻等材料、电工个人工具				
评分标准	序号	项目名称	质量要求	满分	扣分	得分
	1	准备工作	提前准备好材料和工机具	15	不充分或不合理每项扣2分	
	2	屏柜基础检查	符合表16-1基础槽钢标准表	10	检查错误扣5分	
	3	屏柜安装	屏柜顶部与底部垂直度偏差＜1.5mm	40	垂直度或水平度不符合要求每处扣5分，扣完为止	
	4	屏柜组立	符合表16-2屏柜安装标准表	15	主要缺项每处扣5分，不美观每处扣2分	
	5	安全文明施工	（1）现场清理，及时清理废料、清扫现场，工器具摆放整齐。 （2）安全、文明操作、无伤害	20	不文明操作每处扣3分，一般事故扣10分，清理不规范扣3分	
备注：出现不安全或不正确使用劳保用品情况每处扣2分，违反操作规程本鉴定为0分						
合计：						

备注：
1. 以上每项得分扣完为止。
2. 超过规定时间50%，考评人员可下令终止操作。
3. 出现违反安规操作规程将危及人员及设备安全情况下考评员应下令终止操作。

考评组长：　　　　　　　考评员：　　　　　　　作业人员签名：

17 电缆管制作实操培训项目

一、课程安排

电缆管敷设实操培训项目计划 10 学时（每 2 人配 1 台焊机，每 4 个人配 1 台弯管机），培训内容包括电缆管敷设基础知识理论、弯管机使用。

二、培训对象

适宜新进厂员工和一线员工。

三、培训目标

（1）通过理论学习，了解电缆管敷设的流程、制作原理和用途。
（2）经过现场实际操作，熟练掌握电缆敷设操作和弯管机操作的要点。
（3）掌握操作弯管机及电缆敷设的安全注意事项。

四、培训内容

（一）实操流程

1. 操作前的准备

（1）检查电焊机、弯管机是否在保养维护期内，是否为检测合格。

（2）准备好焊接用的焊把线、电源线、焊条及其他辅助工具；检查弯管机电源线是否合格，模具及附件是否齐全，材料及劳动防护用品等是否齐全、合格。

（3）了解电源供给是否合格。

（4）了解焊接及弯管环境，核实安全风险。

2．电缆管敷设基础知识

（1）电缆保护管的选择：电缆保护管内壁应光滑无毛刺。其选择，应满足使用条件所需的机械强度和耐久性，且应符合下列规定：

1）需采用穿管抑制对控制电缆的电气干扰时，应采用钢管。

2）交流单芯电缆以单根穿管时，不得采用未分隔磁路的钢管。

（2）部分或全部露出在空气中的电缆保护管的选择应符合下列规定：

1）防火或机械性要求高的场所，宜采用钢质管，并应采取涂漆或镀锌包塑等符合环境耐久要求的防腐处理。

2）满足工程条件自熄性要求时，可采用阻燃型塑料管。

3）部分埋入混凝土中等有耐冲击的使用场所，塑料管应具备相应承压能力，且宜采用可挠性的塑料管。

（3）地中埋设的保护管，应满足埋深下的抗压要求和耐环境腐蚀性的要求。管枕配置跨距，宜按管路底部未均匀夯实时满足抗弯矩条件确定。在通过不均匀沉降的回填土地段或地震活动频发地区，管路纵向连接应采用可挠式管接头。同一通道的电缆数量较多时，宜采用排管。

（4）保护管管径与穿过电缆数量的选择应符合下列规定：

1）每管宜只穿 1 根电缆。除发电厂、变电站等重要性场所外，对一台电动机所有回路或同一设备的低压电机所有回路可在每管合穿不多于 3 根电力电缆或多根控制电缆。

2）管的内径，不宜小于电缆外径或多根电缆包络外径的 1.5 倍排管的管孔内径，不宜小于 75mm。

(5) 单根保护管使用时,宜符合下列规定:

1) 每根电缆保护管的弯头不宜超过 3 个,直角弯不宜超过 2 个。

2) 地中埋管距地面深度户内不宜小于 0.5m,户外不宜小于 0.7m。

3) 并列管相互间宜留有不小于 20mm 的空隙。

(6) 较长电缆管路中的下列部位应设置工作井:

1) 电缆牵引张力限制的间距处。

2) 电缆分支、接头处。

3) 管路方向较大改变或电缆从排管转入直埋处。

4) 管路坡度较大且需防止电缆滑落的必要加强固定处。

3.弯管机操作

(1) 正式操作前操作工应先打开电源开关,预热 3~5min。

(2) 观察油泵压力表,直至达到规定要求。

(3) 在参数显示屏上输入相关的弯管参数。

(4) 调整主夹模、导模及防皱板的间隙。

(5) 调整芯棒的前后位置。

(6) 调整弯管的工作速度使之匹配。

(7) 向各处注油孔、面加注润滑脂。

(8) 试车观察各接近开关是否灵敏、可靠,脚踏开关操作是否有效、灵活。

(9) 试车调整完毕后将需弯制的管件放入料筒内。

(10) 操作脚踏开关先将料夹紧,再踏运行开关开始弯制。

(11) 待全部弯制好后各动作位置会自动归回到初始位置,此时料夹自动打开,用手取出工件后可进行下一循环。

如图 17-1 所示为液压弯管机。

4.电缆管排列

(1) 管孔数宜按发展预留适当备用。

(2) 导体工作温度相差大的电缆,宜分别配置于适当间距的不同排管组。

图 17-1　液压弯管机

（3）管路顶部土壤覆盖厚度不宜小于 0.5m。

（4）管路应置于经整平夯实土层且有足以保持连续平直的垫块上，纵向排水坡度不宜小于 0.2%。

（5）管路纵向连接处的弯曲度应符合牵引电缆时不致损伤的要求。

（6）管孔端口应采取防止损伤电缆的处理措施。

如图 17-2 所示为电缆管排列。

图 17-2　电缆管排列

（二）材料、工具准备

材料、工具准备见表 17-1。

147

表 17-1　　　　　　　　　　　　　材料、工具准备

序号	名称	规格型号	单位	数量	单价	总价	备注
1	电焊机	300A	台	1			每个工位
2	电焊机电源线	3×4+2×2.5	m	15			每个工位
3	电焊机焊把线	φ35m	m	15			每个工位
4	焊工面罩	配好玻璃	把	1			每个工位
5	安全帽		顶	若干			
6	焊渣锤		把	1			每个工位
7	工具袋		个	1			
8	十字起	200mm	把	2			
9	活动扳手	10寸	把	2			
10	开口扳手	17-19	把	2			
11	梅花扳手	17-19	把	2			
12	电焊手套		双	1			每个工位
13	铁材	碳素钢	批	1			圆钢、角铁
14	焊条	φ3.2	件	若干			
15	弯管机	配模具	套	1			
16	砂轮切割机		台	1			
17	卷尺		把	2			
18	锉刀	圆锉、半圆锉、平锉	套	2			

（三）安全培训

电缆敷设操作按如下步骤：

（1）不应用电焊、火焊等方式切割电缆管，应使用砂轮锯切割管子，切割时要戴防护眼镜，用完砂轮锯后及时断开电源。

（2）搬运电缆时，应小心电缆管砸脚。

（3）使用弯管机时应先空转，待转动正常后方可带负荷工作，运行时严禁用手、脚接触其转动部分。

（4）焊接电缆管时，施工人员应穿戴好劳动防护用品，防止打眼。

（5）在敷设电缆管时，其所用电源盘的漏电保护器必须能够可靠动作。

（6）使用磨光机不得戴手套，必须戴护目镜，磨光机必须经剩余电流动作保护器可靠保护。

（7）使用切割机、磨光机、电焊机等设备加工电缆管时，应尽可能把加工场地选在人少的地方，以免加工时产生的噪声、废气、强光等影响他人身体健康。

（8）施工中用到的乙炔气体不能外漏，以免影响附近他人身体健康。

（9）施工中用剩下的废弃物，不可随意倒在土壤中或水中，以免污染土壤和水质。确认没有起火危险后，方可离开现场。

（四）考核要求

（1）理论考核。满分 100 分，题型有选择题、判断题、简答题或论述题，考试时间 30min，60 分合格。

（2）实操考核。具体考评标准见附件 17-1。

附件 17-1

电缆管敷设操作考核评分表

考生编号：　　　　　　　　姓名：　　　　　　　年　月　日

考核课题	控制电缆管敷设				
考核时间	30min				
需要说明的问题或要求	1. 实际操作题，考核场地未鉴定基地。 2. 要求单独进行操作。 3. 严格考核制作工艺。 4. 安全文明操作				
设备、场地、工具、材料	镀锌钢管 $\phi 25$、$\phi 32$、$\phi 50$，弯管机，电焊机				
评分标准	序号	项目名称	质量要求	满分	扣分	得分
	1	准备工作	提前准备好材料和工机具	15	不充分或不合理每项扣5分	
	2	选择镀锌钢管	按图纸要求电缆大小配备相应大小的镀锌钢管	10	选择错误扣5分	
	3	工艺流程	镀锌钢管切割、打磨、弯弧、对接、接地	40	操作错误或漏项每处扣5分，扣完为止	
	4	质量要求	电缆管排列整齐美观、对接口焊接牢固，焊接处做好防锈处理及接地点	15	主要缺项每处扣5分，不美观每处扣2分	
	5	安全文明施工	（1）现场清理，及时清理废料、清扫现场，工器具摆放整齐。 （2）安全、文明操作，无伤害	20	不文明操作每处扣3分，一般事故扣10分，清理不规范扣3分	
备注：出现不安全或不正确使用劳保用品情况每处扣2分，违反操作规程本鉴定为0分						
合计：						

备注：

1. 以上每项得分扣完为止。
2. 超过规定时间50%，考评人员可下令终止操作。
3. 出现违反安规操作规程将危及人员及设备安全情况下考评员应下令终止操作。

考评组长：　　　　　　　考评员：　　　　　　　作业人员签名：

电气二次接线实操培训项目

一、课程安排

电气二次接线实操项目计划 24 学时（每面屏柜 1 个人，敷设电缆过程应有 2 人协助），培训内容包括电缆敷设、电缆头制作、号码筒打印、吊牌打印、布线、接线以及备用芯、接地线处理。

二、培训对象

适宜新进厂员工和一线员工。

三、培训目标

（1）通过实操培训，了解电气二次接线的工序及工艺标准。

（2）经过现场实际操作，熟练使用电气二次接线工具，掌握电气二次接线的接线技巧。

四、培训内容

（一）实操流程

1. 操作前的准备

（1）检查电缆通道是否畅通，电缆规格型号符合要求。

（2）检查好电缆剪线钳、剥线钳、压线钳等工具是否齐全，检查热缩套、塑料带、吊牌等耗材是否齐全。

（3）熟悉图纸，了解接线环境，检查周围是否有空洞等，核实安全风险。

2．二次接线

（1）电缆展放、固定。

1）敷设时应由专人编写、发放电缆标识塑料带。

2）敷设时，不应使电缆在支架上及地面摩擦拖拉，不得有铠装压扁、电缆绞拧、护层折裂等现象。

3）敷设时应注意排列整齐，不宜交叉。

4）电缆起点、终点切断时，应注意长度的适宜性，尽量做到不浪费。

5）电缆牌上面应写明电缆编号、型号规格及起止地点，控制电缆的电缆牌为白底黑字，动力电缆牌为白底红字。

（2）电缆头制作。

1）电缆剥除：

a．在屏、柜底部将电缆整理好，弧度应自然。

b．距屏、柜内底面约150mm的位置进行电缆外皮剥除，将电缆剥切至内绝缘层，清除外绝缘层、钢铠，如图18-1所示。

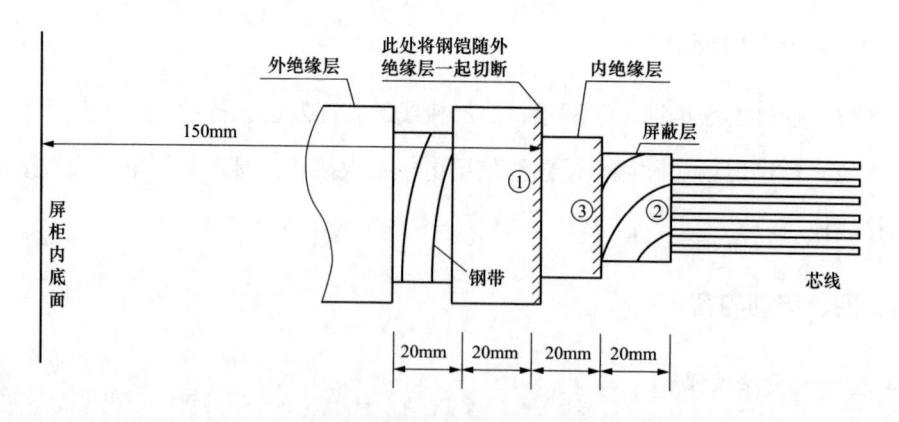

图18-1 电缆剥除示意图

c. 从距剥切处①朝芯线方向量取 40mm 剥切至芯线，清除内绝缘层、铜铠及塑料薄膜。

d. 从①处向外露芯线反方向量取 20mm，剥除 20mm 长外绝缘层至钢铠层。

e. 沿外露芯线反方向量取 20mm，剥切至铜铠层，清除内绝缘层及塑料薄膜。

f. 钢铠、铜铠切断后应整理平整，钢铠切断处要平整并紧贴内绝缘层。

2）接地线缠绕焊锡：

a. 钢铠接地与铜屏蔽接地引出点应分开，接地线统一为 600mm 长的 $4mm^2$ 黄绿相间单芯多股软线。

b. 接地线与钢铠、铜铠缠绕前，应用砂纸将钢铠、铜铠打磨后用酒精擦拭，避免接触不良，接地线统一从电缆头下方引出，且并列在同一侧。

c. 接地线在屏蔽、钢铠层上缠绕 2～3 圈后，将线端拧紧，然后在缠绕处将铜铠（铜丝）、钢铠与接地线用锡焊焊牢一点。注意在铜铠处缠绕接地线前，应先将芯线附带的铜丝在铜铠上缠绕 3～5 圈，如图 18-2 所示。

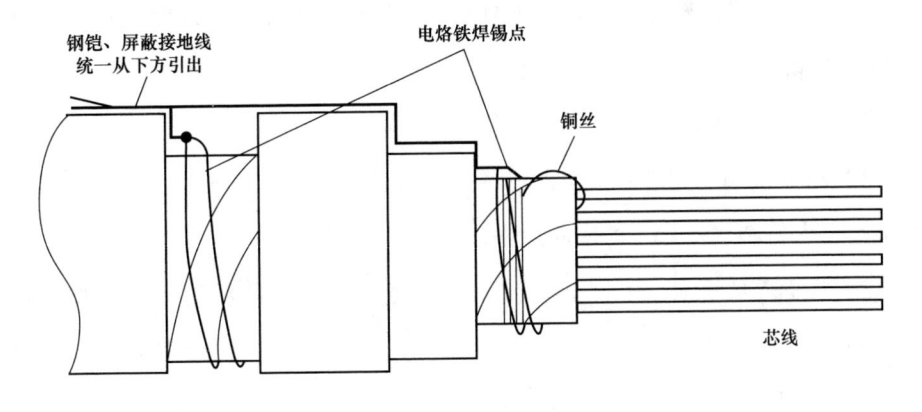

图 18-2　接地线绑扎

3）填充、热缩：

a. 用对折后的聚氯乙烯带对电缆头端部进行缠绕至与电缆外径一致，顶端应超出铜铠切断面约 5mm，缠绕应密实，如图 18-3 所示。

b. 其余部位用自粘带拉伸进行缠绕至与电缆外径一致，缠绕应饱满、美观。

c. 最后用自粘带将整个电缆头缠绕一层，并将接地线包裹在内。

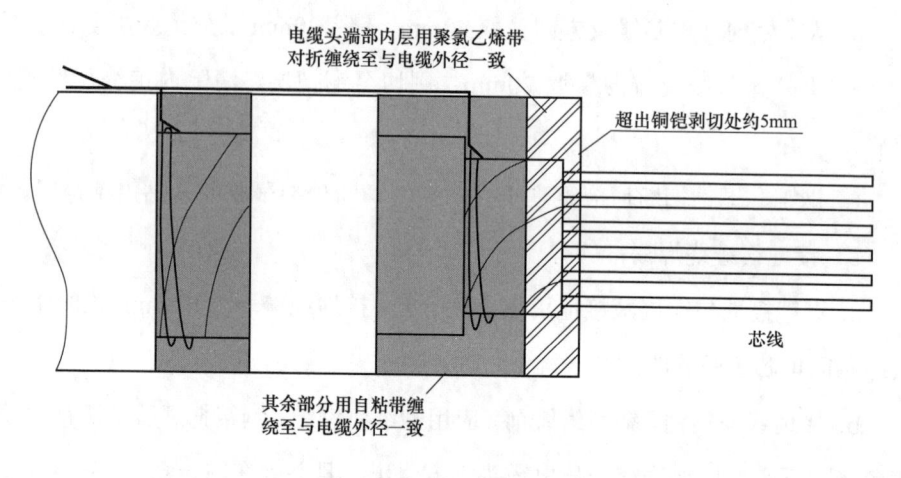

图 18-3 填充

d. 穿入热缩套，热缩套应超出电缆头端部适当长度，避免因热缩而使填充物暴露。

e. 用热风机对热缩套进行热缩处理，控制好距离及移动速度，避免过烤、欠烤。

（3）布线接线。

1）将缠绕的芯线散开，除去芯线中间填充带，两人配合，一人手握电缆头底部，一人将芯线捋直，力度应适中，避免拉伤芯线。

2）根据芯线标号，套上号码筒，并在图纸上做好相应标记，以免对侧出错。

3）本工程户外智能控制柜采用线槽走线，户内屏柜采用扎把走线。

4）扎把走线应注意以下事项：

a. 视电缆多少及走线空间大小将电缆分成一排或两排往上延伸，每根电缆芯线用扎带扎成一把，之后每隔 100mm 紧固一次。

b. 每隔 200mm 用扎带将每排芯线在横向硬质绝缘芯线上（硬质芯线的长度视每排电缆宽度而定）紧固一次。如遇屏柜固定板时，不应直接将芯线绑扎在金属固定板上，应在之间加横向硬质绝缘芯线。

c. 当芯线到达接线位置时，应将芯线从每排芯线的后面横向折成 U 型弯后再插入接线端子。剩余的备用芯线在离最高端子约 200mm 处截断，并套上相应的大小的保护帽。

d. 不同截面线芯不得插接在同一端子内，相同截面线芯压接在同一端子内的数量不应超过两芯。接地线两芯接在同一端子上时，两芯中间必须加装平垫片。

e. 端子箱内二次接线电缆头应高出屏（箱）底部 100～150mm。

如图 18-4 所示为固定方式示意。

图 18-4　固定方式

（4）备用芯、接地线处理。

1）单个屏柜全部电缆敷设完成后，备用芯应高出接线端子约 200mm 长，能满足最上面一个端子的接线要求，长短统一。

2）备用芯号码筒按电缆编号穿好排布整齐，备用芯帽按芯线大小选择，不露铜。

3）钢铠接地与铜屏蔽接地应分开接，钢铠接地应接至屏柜非绝缘接地铜排，铜屏蔽接地接至绝缘接地铜排。户内屏柜屏蔽接地铜排经 $50mm^2$ 的绝缘铜线与沟内等电位接地铜排相连，户外屏柜屏蔽接地铜排经 $100mm^2$ 的绝缘铜线与沟内等电位接地铜排相连。

4）电缆的钢铠接地线与屏蔽接地线应套有号码筒，标明电缆名称。

5）接地铜排上的每个螺栓连接的接地端子不能超过2个。

（5）扫尾工作。

1）整理好电缆牌，整齐划一摆放在电缆头部位。

2）每次作业后，应清除遗留的工机具及材料，做到"工完、料尽、场地清"。

（二）材料、工具准备

材料、工具准备见表18-1。

表18-1　　　　　　材料、工具准备

序号	名称	规格型号	单位	数量	单价	总价	备注
1	小型货架	1.5m×0.5m×1.9m	个	2			
2	热风枪		把	3			
3	线缆剪		把	2			
4	号码筒打印机	配耗材	台	1			
5	电缆牌打印机	配耗材	台	1			
6	电烙铁	配焊锡丝、松香	把	6			
7	烙铁架	与烙铁配套	副	6			
8	螺丝刀（十字）	杆长150mm	把	6			
9	螺丝刀（一字）	杆长150mm	把	6			
10	电工斜嘴钳	长度为140mm	把	6			
11	电工尖嘴钳	长度为140mm	把	6			
12	电工剥线钳	长200mm	把	6			
13	钢丝钳		把	6			

续表

序号	名称	规格型号	单位	数量	单价	总价	备注
14	美工刀		把	6			
15	钢卷尺	10m	把	2			
16	剪刀		把	2			
17	聚氯乙烯带		卷	若干			
18	扎丝	0.5、1.0mm	卷	若干			
19	扎带	150、250mm	包	若干			
20	热缩套	黑 $\phi 25$	卷	1			
21	热缩套	黄绿 $\phi 6$	卷	1			
22	备用芯帽	$\phi 2.5$	包	2			
23	警示牌、安全/质量控制牌		块	3			
24	医药箱		个	1			
25	纱手套		副	40			
26	帆布手套		副	40			
27	电源盘	220V	个	3			
28	安全帽		个	若干			
29	接地线	$\phi 4$	m	若干			
30	铜鼻子	OT4-6	个	若干			
31	吊牌线		根	若干			

(三)安全培训

(1)作业前应进行详细的技术交底,作业人员应清楚作业任务、危险点及其控制措施。

(2)作业劳保用品应齐全、合格。

(3)敷设电缆时,应控制好电缆展放速度,电缆应从盘底送出。

(4)敷设电缆时,沟道内的作业人员应站于电缆传送方向的外侧,严禁生拉硬扯电缆。

（5）电源开关应带剩余电流动作保护器，并进行试跳合格。

五、考核要求

（1）理论考核。满分 100 分，题型有选择题、判断题、简答题或论述题，考试时间 30min，60 分合格。

（2）实操考核。具体考评标准见附件 18-1。

附件 18-1

二次接线操作评分表

考生编号：　　　　　　　　姓名：　　　　　　　　年　　月　　日

考核课题	控制电缆头制作及二次接线				
考核时间	30min				
需要说明的问题或要求	1. 实际操作题，考核场地未鉴定基地。 2. 要求单独进行操作。 3. 严格考核制作工艺。 4. 安全文明操作				
设备、场地、工具、材料	控制电缆根数、电缆牌、绝缘管、塑料带等材料、电工个人工具、现场设备				
评分标准	序号	项目名称	质量要求	满分	扣分	得分
	1	准备工作	提前准备好材料和工机具	15	不充分或不合理每项扣 5 分	
	2	选择电缆	按图纸要求准备电缆	10	选择错误扣 5 分	
	3	工艺流程	校对—挂吊牌—剥除橡胶外皮—剥钢铠—剥铜铠—穿号码筒—引接地线—填充—包扎制作电缆头—收热缩套—排列绑扎芯线—二次接线	40	操作错误或漏项每处扣 5 分，扣完为止	
	4	质量要求	接线正确，不伤电缆芯线及绝缘，标示及接线牢固	15	主要缺项每处扣 5 分，不美观每处扣 2 分	
	5	安全文明施工	（1）现场清理，及时清理废料、清扫现场，工器具摆放整齐。 （2）安全、文明操作，无伤害	20	不文明操作每处扣 3 分，一般事故扣 10 分，清理不规范扣 3 分	
备注：出现不安全或不正确使用劳保用品情况每处扣 2 分，违反操作规程本鉴定为 0 分						
合计：						

备注：

1. 以上每项得分扣完为止。
2. 超过规定时间 50%，考评人员可下令终止操作。
3. 出现违反安规操作规程将危及人员及设备安全情况下考评员应下令终止操作。

考评组长：　　　　　　　考评员：　　　　　　　作业人员签名：

19 电焊焊接实操培训项目

一、课程安排

电焊焊接实操培训项目计划 16 学时（每 2 人配 1 台焊机），培训内容包括电焊基础知识理论、电焊引弧、平焊、横焊、立焊、仰焊。

二、培训对象

适宜新进厂员工和一线员工。

三、培训目标

（1）通过理论学习，了解电焊机的结构、工作原理和用途。

（2）经过现场实际操作，熟练掌握电焊操作和焊接要点。

（3）掌握操作电焊机的安全注意事项。

四、培训内容

（一）实操流程

1．操作前的准备

（1）检查电焊机是否在保养维护期内，是否为检测合格。

（2）准备好焊接用的焊把线、电源线、焊条以及其他辅助工具、材料及劳动防护用品等是否齐全、合格。

（3）了解电源供给是否合格。

（4）了解焊接环境，核实安全风险。

2．电焊基础知识

电焊机就是一个利用电感原理做成的大功率的变压器，一个将220V交流电变为低电压、大电流的电源（可以是直流的，也可以是交流的），电感量在接通和断开时会产生巨大的电压变化，利用正负两极在瞬间短路时产生的高压电弧来熔化电焊条上的焊料，以达到使它们结合的目的。电焊变压器有其自身的特点，即在焊条引燃后电压急剧下降的特性。电焊机工作电压的调节，除了一次的220V/380V电压变换，二次线圈也有抽头变换电压，同时还有用铁芯来调节的，可调铁芯电焊机一般是一个大功率的变压器。

电焊机电流大小调节：电流大小与被焊的工件有关系，厚的工件要用大电流、大焊条才能焊得透，小电流小焊条也能焊，但焊的只是表面一层，会造成焊接处的机械强度不够。薄的工件如果电流大了会把工件焊穿，所以在焊接时要按工件的厚薄调节焊机的电流。

（1）焊接前。在正常焊接之前，可用焊条在一块废铁板上测试一下焊接电流大小，铁板厚度应与所焊接工件壁厚相等或相近。观察焊条熔化速度、飞溅大小、熔池深浅、铁水和药皮是否分离清晰。可对电流大小有个初步的评估，再根据评估调节相应的电流。

（2）焊接电流大。电流越大，电弧光越强，越刺眼，熔池也会变大、变深。焊条熔化速度快，飞溅增多，且发出很响的噼啪声。焊条熔化一半左右就可能发红，药皮整块脱落。也有可能看到熔池塌陷，薄板则易焊穿。

（3）焊接电流小。电流小，电弧光则弱，引弧困难、电弧稳定差，易粘焊条，未焊透。铁水和药皮混在一起不分离不易分清，易形成夹渣等焊接缺陷。

（4）焊接电流适中。电流适中，则起弧自然流畅，电弧稳定，熔池大小适中，铁水药渣分离清晰,铁水易掌握控制。

(5) 焊缝大小。焊缝大小适中,成形完好,两边和工件结合完整,焊缝成缓坡状、飞溅少,两边无咬边或咬边不严重,则电流适中。

(6) 焊接后熔池深。焊缝平扁(平焊)、挂瘤(立、横、仰)、超宽;焊后收弧熔池深,易产生裂纹、两边咬边严重,飞溅多,则说明电流大了。

(7) 焊条对应调节范围。在每包电焊条包装上,都有相对应直径焊条的电流调节范围,比如直径2.5、3.2、4.0mm 相对应电流分别为50~80A、90~130A、150~210A 等。但这只是一个参考,具体电流还要从实际出发,以所焊工件位置调整适合的焊接电流。

3. 引弧

焊条电弧焊引燃焊接电弧的过程称为引弧。引弧是焊接过程中频繁进行的动作,引弧技术的好坏,直接影响焊接质量。单面焊双面成形是焊工必须掌握的技术,如果采用断弧法施焊,一条焊缝由几百个甚至上千个焊点叠加而成,焊接这些焊点时只要有一次引弧不成功、位置不准,就会影响整条焊缝的质量,可见,熟练引弧、位置准确对保证焊接质量的重要性。

引弧训练的目的是使学员掌握正确的引弧方法,要求能熟练引燃电弧,焊点位置准确。为达到这个目的,要求学员将一根焊条分成数十次练习。通过多次反复地练习,以达到熟练、准确地引燃电弧,并形成技巧。

(1) 点焊:通常都是小管,从下往上焊一点压一点,要紧紧压住容池,不然会有沙眼,手要稳,要看清焊道每一点都要保持一样,速度也要保持一致。

(2) 连弧焊:这个通常就是大管道了,因为大管道点焊是非常浪费时间的,也是从下往上焊,首先要点焊打遍底,要记得底打得一定不要太厚,这样方便盖面。

(3) 电流要调得比点焊小 40~50A。调电流主要还是看原材料的厚度从下往上摇摆走。电流是非常关键的,焊之前一定要反复调好自己满意的电流,这样才可以焊出自己满意的活。

4. 平焊、横焊、立焊、仰焊

(1) 平焊（见图 19-1）：需要根据两板的厚薄来调整焊条的角度，然后电弧要偏向厚板一边，以便使两边熔透均匀，这样可以避免许多缺陷。把焊条放在焊把中间的口上 90°均匀走，这样焊出来的平缝漂亮。

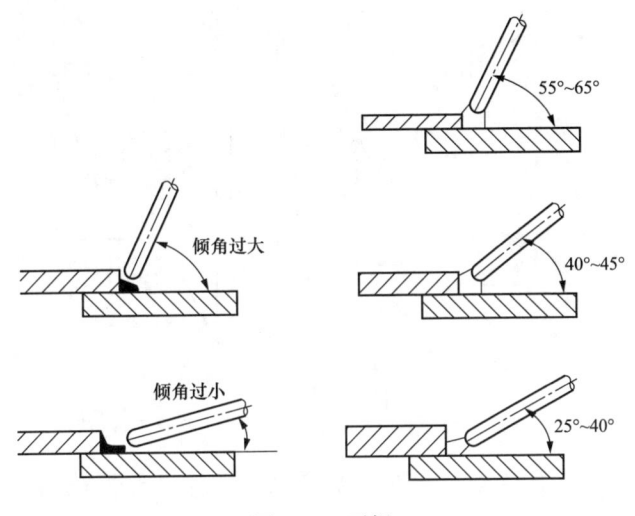

图 19-1　平焊

(2) 横焊（见图 19-2）：应该选择较小直径的焊条，配合恰当的焊条角度和运条方法，以短路过渡形式进行焊接，避免焊接缺陷。

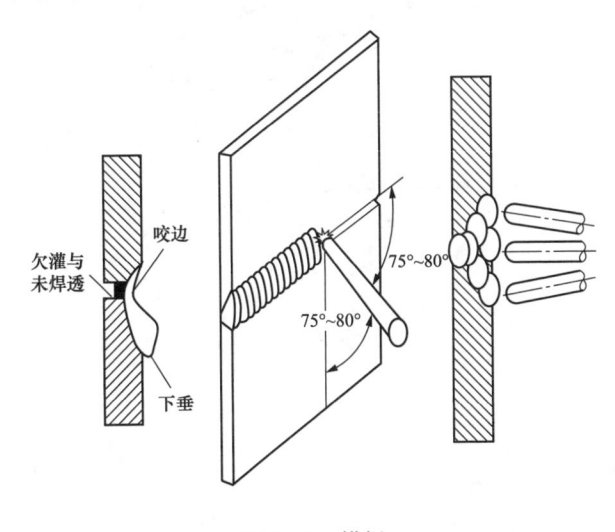

图 19-2　横焊

(3) 立焊 (见图 19-3): 应采用适当的运条角度和适宜的运条方法, 使用较小的电流, 短弧焊接, 以利焊缝成形。

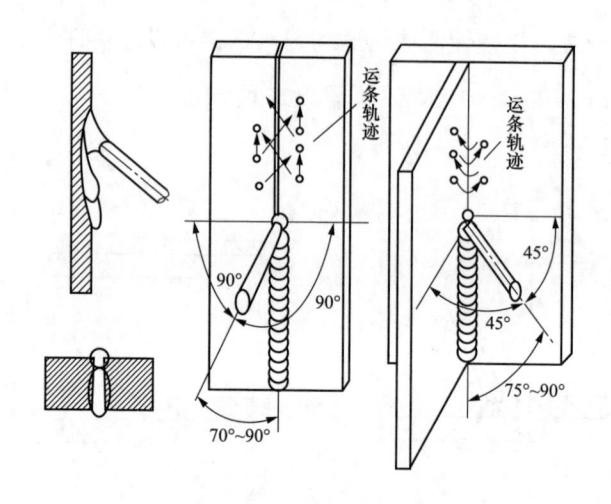

图 19-3 立焊

(4) 仰焊 (见图 19-4): 为使熔滴金属在短时间内焊条过渡到熔池中去, 必须使用最短的电弧长度、较小直径的焊条、稍快的焊接速度及合适的焊接电流, 摆幅不宜太大, 焊道应薄一些, 以防止产生焊接缺陷。

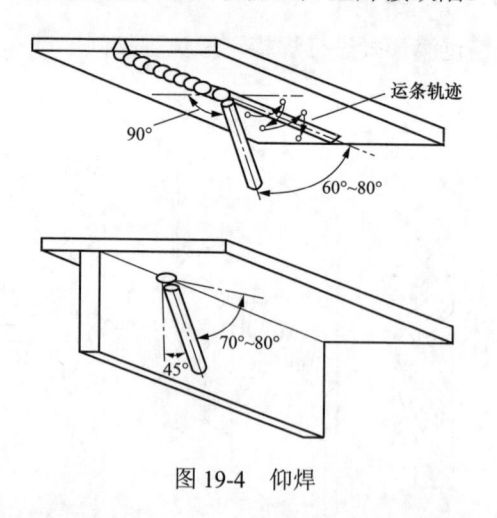

图 19-4 仰焊

(二) 材料、工具准备

材料、工具准备见表 19-1。

表 19-1　　　　　　　　材料、工具准备

序号	名称	规格型号	单位	数量	单价	总价	备注
1	电焊机	300A	台	1			每个工位
2	电焊机电源线	3×4+2×2.5	m	15			每个工位
3	电焊机焊把线	ϕ35m	m	15			每个工位
4	焊工面罩	配好玻璃	把	1			每个工位
5	安全帽		顶	若干			
6	焊渣锤		把	1			每个工位
7	工具袋		个	1			
8	十字起	200mm	把	2			
9	活动扳手	10寸	把	2			
10	开口扳手	17-19	把	2			
11	梅花扳手	17-19	把	2			
12	电焊手套		双	1			每个工位
13	铁材	碳素钢	批	1			圆钢、角铁
14	焊条	ϕ3.2	件	若干			

（三）安全培训

电焊机操作按如下步骤：

（1）作业前应配备面罩，避免弧光伤害。

（2）作业劳保用品（焊工手套、绝缘鞋、焊工服）应齐全、合格。

（3）使用焊机前，应检查焊机接线正确、电流范围符合要求、外壳接地可靠、焊机内无异物后，方可合闸工作。

（4）工作时，焊机铁芯不应有强烈震动，压紧铁芯的螺丝应拧紧。工作中焊机及电流调节器的温度不应超过60℃。

（5）保证焊机和焊接软线绝缘良好，若有破损或烧伤，应立即修好。

（6）施工人员在施工过程中应谨防触电，注意不被弧光和金属飞溅伤害，预防爆炸及其他伤害事故发生。当焊接或切割工作结束后，要仔细检查焊接场

地周围，确认没有起火危险后，方可离开现场。

五、考核要求

（1）理论考核。满分 100 分，题型有选择题、判断题、简答题或论述题，考试时间 30min，60 分合格。

（2）实操考核。具体考评标准见附件 19-1。

附件 19-1

电焊焊接操作评分表

考生编号：　　　　　　　　姓名：　　　　　　　年　　月　　日

课题名称		电焊焊接实操				
考核时间		60min				
试题正文		制作一个250mm×250mm长方形角铁框				
需要说明的问题或要求		1. 要求开考生掌握基本的钳工技能，操作正确，符合工艺要求，配置1名焊工配合。 2. 给出加工图纸，要求按图加工。 3. 要求正确操作，符合安规要求				
设备、场地、工具、材料		操作场地、台钳案、角尺、直尺、画笔、锯弓、锯条、电焊机、电焊条、磨光机、∠40×40mm角铁1.5m/工位、评分登记表				
评分标准	序号	项目名称	质量要求	满分	扣分	得分
	1	准备工作	（1）熟悉图纸，了解所要加工材料的规格及数量。 （2）按要求选择材料，并有合格证。 （3）检查所需的工具是否齐全	10	主要缺项、或错误每处扣5分，试图错误、材料选型错误每处扣5分	
	2	画线、下料	（1）根据图纸画线、下料。 （2）误差在2mm以内。 （3）材料校直，切口无卷边、无毛刺	10	操作方法错误每处扣5分，误差超标每处扣3分	
	3	组焊	（1）焊接均匀，无裂纹、夹渣、咬边、弧坑、气孔及未焊透，无焊缝不饱满情况。 （2）焊缝余高0~3mm	50	焊接过程不规范每处扣5分，焊接质量不合要求每处扣5分	
	4	检查、校正	（1）铁框应平整、无变形。 （2）检查四角应是90°	10	质量不合要求每处扣5分	
	5	除锈、刷漆	（1）焊渣清除要干净。 （2）除锈彻底。 （3）两边油漆涂刷均匀、到位	10	质量不合格每处扣5分	

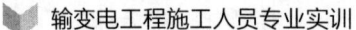

续表

评分标准	序号	项目名称	质量要求	满分	扣分	得分
	6	现场清理	及时清除余料、废料，清扫现场，工器具摆放整齐	10	清理不规范每处扣3分	
备注：1. 叙述过程出现不符合安全及劳动保护规定情况，每处扣2分。 2. 出现违反安规操作规程情况，本次鉴定为0分							
合计：							

备注：

1. 以上每项得分扣完为止。
2. 超过规定时间50%，考评人员可下令终止操作。
3. 出现违反安规操作规程将危及人员及设备安全情况下考评员应下令终止操作。

考评组长：　　　　　　考评员：　　　　　　作业人员签名：

20 设备线夹加工及导线压接实操培训项目

一、课程安排

设备线夹加工及导线压接培训项目计划 16 学时，培训内容包括安全培训、线夹加工及导线压接理论培训（含前期作业准备、线夹压接工序等）、线夹加工及导线压接实操培训及考核。

二、培训对象

适宜新进厂员工和一线员工。

三、培训目标

（1）通过理论学习，了解线夹压接工序及工艺要求。

（2）经过现场实际操作，熟练掌握设备线夹压接操作及工作要点。

四、培训内容

（一）前期准备

1．场地准备

压接工位 3 个，规格 4m×6m，带电源。

2．材料、机具准备

材料、机具准备见表 20-1。

表 20-1　　　　　　　　　　材料、机具准备

序号	名称	规格型号	单位	数量	备注
1	小型货架	1.5m×0.5m×1.9m	个	3	每个工位一个
2	液压机（含高压泵站）	SY-BJQ-3000/94-C（常熟市电力机具有限公司）SY-BD-94-C 液压泵 SY-J-3000/94 压接机	套	3	含配套钢模、铝模
3	钢芯铝绞线	LGJ-400/50	m	120	
4	耐张线夹	NY-400/50	套	40	
5	钢直尺	30cm	把	6	
6	钢卷尺	3m	把	3	
7	游标卡尺	量程200mm	把	3	
8	记号笔	黑色，油性	盒	3	
9	软地毯	8m×2m	块	3	
10	液压断线剪		把	3	
11	钢锯弓	备锯片10片	把	3	
12	铁丝	14号	m	50	
13	钢丝钳		把	3	
14	平锉		把	3	
15	百洁布		张	30	
16	钢丝刷		把	3	
17	垃圾桶	带盖	个	2	
18	防锈漆	5kg	桶	1	
19	油漆桶	小号	个	3	
20	油漆刷	1.5寸	把	15	
21	无水酒精	1kg	瓶	3	
22	无毛布	150mm×150mm	张	120	

续表

序号	名称	规格型号	单位	数量	备注
23	导电脂		支	3	
24	保鲜膜	200mm 宽	卷	3	
25	木榔头		把	3	
26	铁榔头	3 磅	把	3	
27	灭火器		组	1	
28	工具箱	存放起子、钳子等小件工具	个	2	
29	签字笔		盒	1	
30	纱手套		双	100	

（二）实操流程

1. 扩径导线压接

（1）扩径导线支撑层剥除。

1）用钢卷尺测量铝支撑衬管的实长 L、耐张线夹钢锚的压接部位实长 L_1。

2）用钢卷尺自扩径导线线端头 0 向内量 $2L+L_1+\Delta L_1$ 处以绑线扎牢，并标定为 P 点（ΔL_1 约为耐张线夹钢锚压接部分实长 L_1 的 10%）。

3）将铝股散开露出支撑层，自扩径导线线端头 0 向线内量 $L+L_1+\Delta L_1$ 处标记 R。

4）剥下 R 点与 0 点之间的高密度聚乙烯支撑层，注意不应伤及钢芯。

如图 20-1 所示为扩径导线支撑层剥除示意。

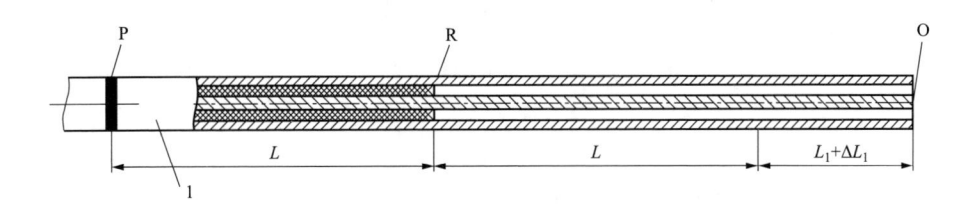

图 20-1 扩径导线支撑层剥除示意图

1—扩径导线

（2）支撑铝管穿管。

1）穿入支撑铝管，支撑铝管端部与支撑层在 R 处紧贴不留空隙。

2）按照原绞合状态将导线铝股恢复，用钢卷尺自扩径导线端头 O 向内量 $L_1+\Delta L_1+20mm$ 处以绑扎线扎牢，并标记为 P_1。

如图 20-2 所示为支撑铝管穿管示意。

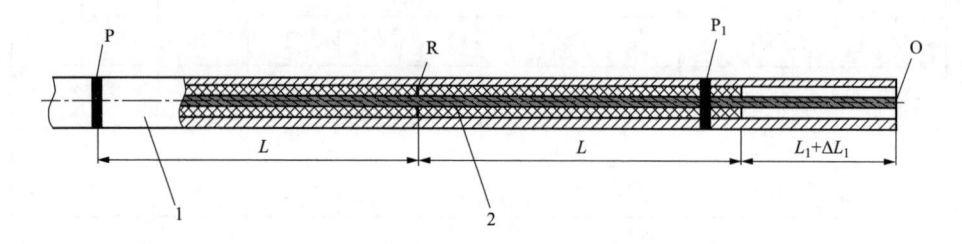

图 20-2　支撑铝管穿管示意图

1—扩径导线；2—支撑铝管

（3）铝股剥除。

1）标记割铝股印记 N（支撑管端口处）。

2）在 N 处切断铝股。

3）用钢卷尺自 O 向内量 L_1 标记为 A。

如图 20-3 为铝股剥除示意。

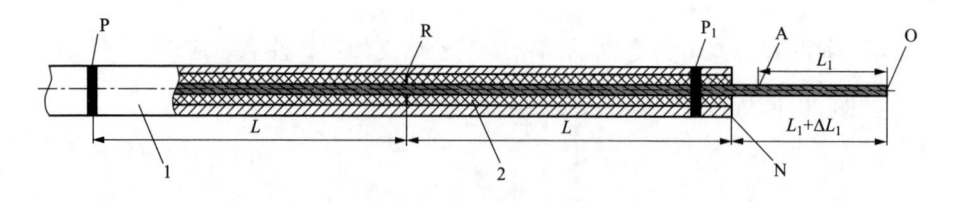

图 20-3　铝股剥除示意图

1—扩径导线；2—支撑铝管

（4）钢锚及铝管穿管。

1）将耐张线夹铝管自扩径导线端头 O 先套入，然后松开绑线 P_1，将耐张线夹铝管顺导线绞制方向，向内旋转推入至露出导线端头，再用绑线在 P_1 处将导线扎好。

2）将钢芯向耐张线夹钢锚管口穿入，穿入时应顺导线绞制方向旋转推入，直至钢芯穿至管底且耐张线夹钢锚管口与定位印记 A 重合，如剥露的钢芯已不呈原绞制状态，应线恢复其原绞制状态。

如图 20-4 所示为穿管示意。

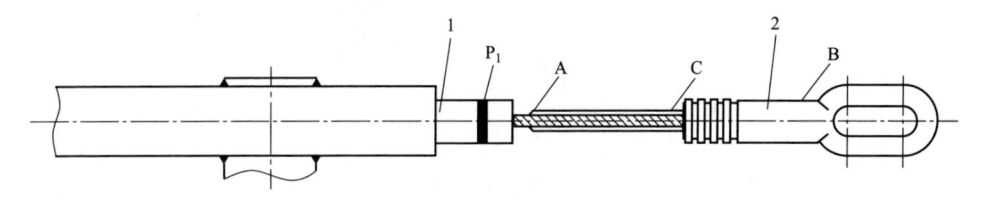

图 20-4 穿管示意图

1—扩径导线；2—支撑铝管

3）耐张线夹铝管穿管（见图 20-5）应按以下步骤进行：

a．当钢锚压好后，在铝管所能穿到的钢锚极限位置处画一定位标记 B，根据推荐预偏值画定位标记 B_1。

b．在耐张线夹钢锚压接末端处标记 C，测量 BC 长度为 L_2。

c．用钢尺测量耐张线夹铝管的全长 L'，自 B 点向铝绞线测量 $BD=L'$，画一定位印记 D，自 D 向钢锚测量至铝线端头，画一定位印记 E，使 $DE=L_3$，并记录 DE 的长度，根据推荐预偏值画定位标记 D_1。

d．预偏，将铝管顺导线绞制方向，向耐张线夹钢锚段旋转推入至绑线，松开绑线 P，继续推入至耐张线夹铝管量管口分别与铝管及耐张线夹钢锚上的定位印记 B_1、D_1 重合为止。重合后，根据记录的 BC 及 DE 的长度，将定位印记 C_1 及 E_1 标记在耐张线夹铝管上。

e．穿管后旋转铝管使铝股复位、紧密。

（5）钢锚环与铝管引流板的相对方位确定。

1）液压操作人员因根据导线实际走向，确定耐张线夹钢锚挂环与铝管引流板的方向，在耐张线夹钢锚与铝管穿位完成后，分别转动耐张线夹钢锚和铝管至规定的方向。

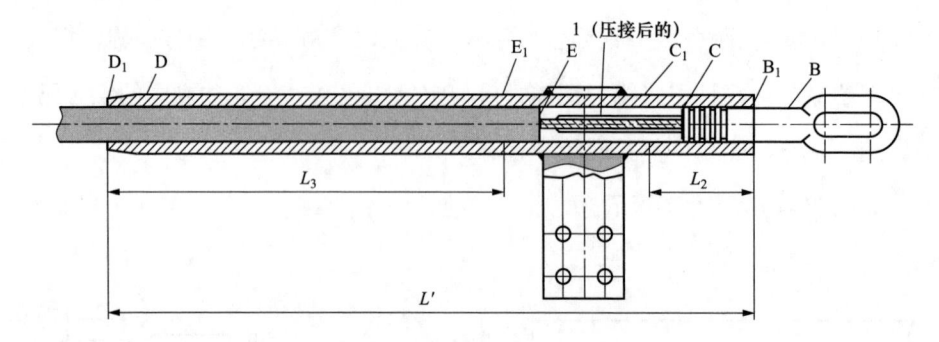

图 20-5　耐张线夹铝管穿管示意图

1—耐张线夹钢锚

2) 耐张线夹钢锚环定位：用记号笔自扩径导线剥露出的钢芯沿钢锚管口至钢锚压接部位画一直线，压接时保持钢芯与钢锚压接部位的标记线在一条直线上。

3) 耐张线夹铝管定位：用记号笔自扩径导线铝线沿铝管管口上画一条直线，压接时保持铝线与铝管上标记线在一条直线上。

(6) 钢锚压接。

1) 首先检查耐张线夹钢锚压接部位与扩径导线上的定位印记 A 是否重合。

2) 检查耐张线夹钢锚环的方位与确定线是否在一条直线上。

3) 第一模自耐张线夹钢锚长圆环侧开始，依次向管口端连续施压。

如图 20-6 所示为扩径导线耐张线夹钢锚施压示意。

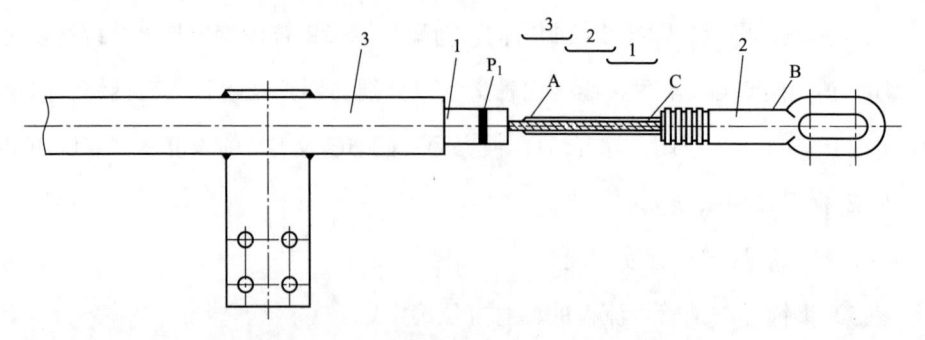

图 20-6　扩径导线耐张线夹钢锚施压示意图

1—扩径导线；2—耐张线夹钢锚；3—耐张铝管

（7）铝管压接。

1）检查耐张线夹铝管与扩径导线及耐张线夹钢锚上的定位印记 B、D 是否重合。

2）检查耐张线夹铝管上的不压定位印记 C、E 是否标注。

3）施压前调整引流板与钢锚环的夹角，使之符合设计要求。

4）第一模压耐张线夹铝管出口 D_1，连续压接至压接印记 E_1，跳过不压区从压接印记 C_1 压接至压接印记 B_1（凹槽处压接完成后，需用其他方法校核钢锚的凹槽部位是否全部被铝管压住）。

如图 20-7 所示为扩径导线耐张线夹铝管施压示意。

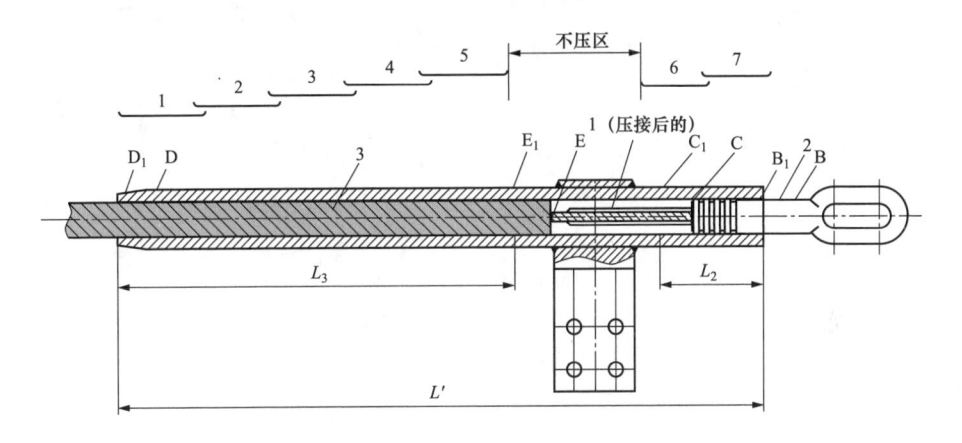

图 20-7　扩径导线耐张线夹铝管施压示意图

1—扩径导线；2—耐张线夹钢锚；3—耐张线夹铝管

2．钢芯铝绞线压接

（1）钢锚穿管与压接。

如图 20-8 所示为钢芯铝绞线钢锚穿管方式。

1）用钢卷尺测量耐张线夹钢锚内孔的深度为 L_1，铝衬管的实长为 L_2。

2）将耐张线夹铝管、铝衬管分别附在绞线上，在旋紧的绞线 P 处绑扎紧固，用钢卷尺从线段向内量取 L_1，画定位标记于 A_1。

(a) 耐张线夹钢锚穿管定位标记

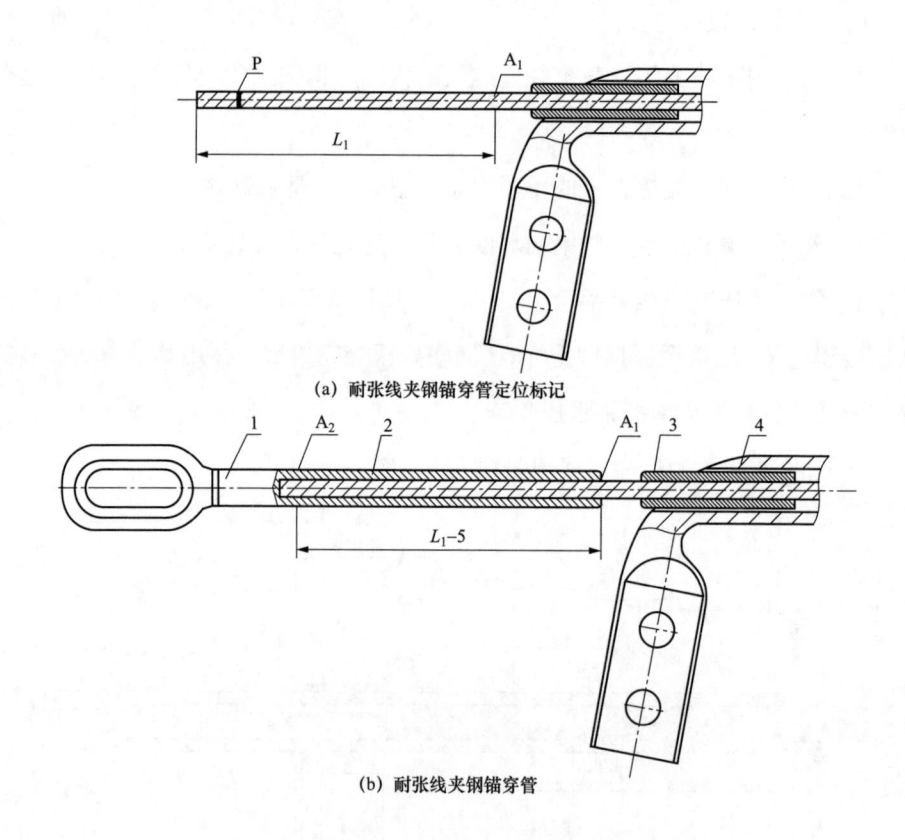

(b) 耐张线夹钢锚穿管

图 20-8　钢芯铝绞线钢锚穿管方式

1—钢锚；2—钢芯铝绞线；3—铝衬管；4—铝管

3）将线穿入管口至绑扎处，拆掉绑扎，继续顺导线绞制方向旋转推入，直至耐张线夹钢锚管口与定位标记 A 重合。

4）用钢卷尺从耐张线夹钢锚管口向内量取 L_1-5mm，画定位标记于 A_2。

5）将第一模压接模具的端面与 A_2 重合，依次施压至钢锚管端面。

6）钢锚压接完成后，在钢芯外露部分及钢锚压接部位涂刷防锈漆防腐。

如图 20-9 所示为钢锚压接顺序图。

（2）铝管穿管与压接。

如图 20-10 所示为钢芯铝绞线铝管穿管图。

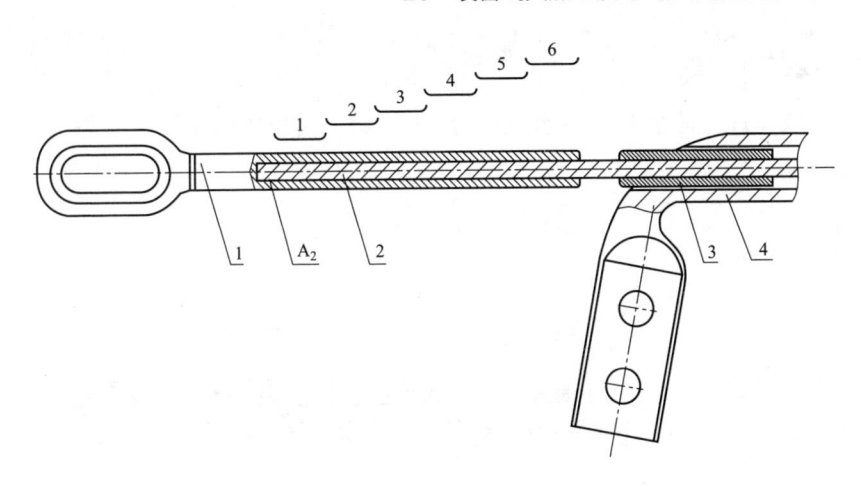

图 20-9 钢锚压接顺序图

1—钢锚；2—钢芯铝绞线；3—铝衬管；4—铝管

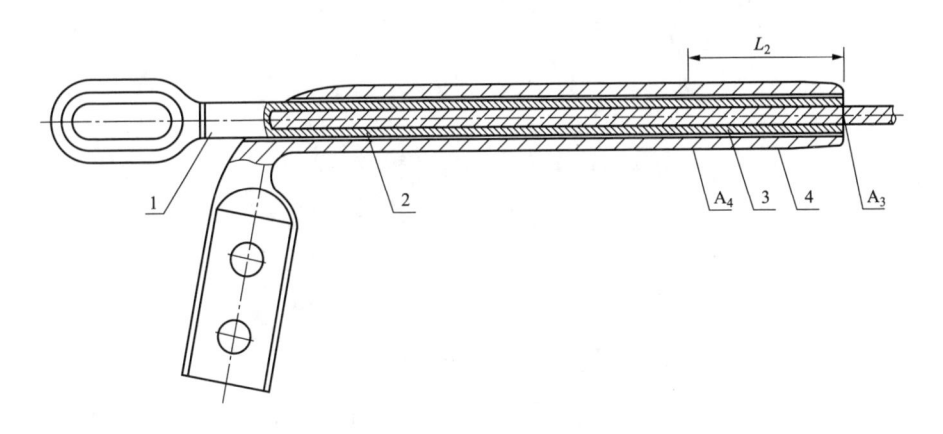

图 20-10 钢芯铝绞线铝管穿管图

1—钢锚；2—钢芯铝绞线；3—铝衬管；4—铝管

1）当钢锚压接完成后，将铝衬管顺导线绕制方向旋转推入，使铝衬管与耐张线夹靠紧，在铝衬管右端面导线上画定位标记 A_3。

2）将耐张线夹铝管顺导线绕制方向旋转推入，直至耐张线夹管口与定位标记 A_3 重合。

3）用钢卷尺从管口向线内量取 L_2，在耐张线夹铝管上画定位标记 A_4。

4）调整钢锚环与铝质引流板的方向角度，使引流板走向顺畅美观，且二者的中心线在同一平面上。

5）取铝管弯曲变截面的起始点为 A_5，将第一模压接模具的端面与 A_5 重合，依次按图施压。

如图 20-11 所示为钢芯铝绞线铝管压接示意图。

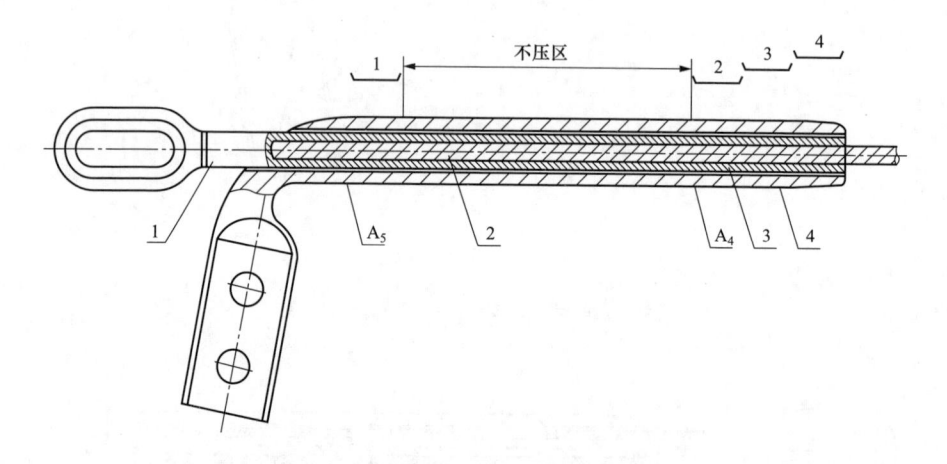

图 20-11　钢芯铝绞线铝管压接示意图

1—钢锚；2—钢芯铝绞线；3—铝衬管；4—铝管

3．控制要点

（1）材料准备及导线下料应进行下列检查：

1）导线的结构尺寸及性能参数应符合 GB/T 1179《圆线同心绞架空导线》或 GB/T 20141《型线同心绞架空导线》的规定或设计文件要求。

2）不同材料、不同结构、不同规格、不同绞向的导线不应在同一耐张段内同一相（极）导线进行压接。

3）导地线的压接部分清洁，并均匀涂刷电力脂后再压接。

4）压接管的尺寸、公差及性能参数应符合 GB/T 2314《电力金具通用技术条件》的规定或设计文件要求。

5）压接管中心同轴度公差应小于 0.3mm。

6）压接管内孔端部应加工为平滑的圆角，其相贯线处应圆滑过渡。

（2）切断导线时，切割端部需绑扎牢固，防止散股，端面整齐、无毛刺，并与线股轴线垂直；压接导线前需要切割铝线时，严禁伤及钢芯。

（3）导线压接：液压设备运行正常，合模时液压系统的压力不低于额定工作压力，施压时应使每模达到额定工作压力后维持 3～5s。

（4）压接过程中，钢管相邻两模重叠压接不应小于 5mm，铝管相邻两模重叠压接不应小于 10mm。

（5）压接过程中的安全要求必须符合 DL 5009.2《电力建设安全工作规程 第 2 部分：电力线路》规定。

（6）压接管压后尺寸检查：

1）压接管压后对边距尺寸允许值：$S \leqslant 0.86D+0.2mm$。式中 D 为压接管标称外径，单位为 mm。

2）3 个对边距只应有一个达到允许最大值，超过此规定应更换模具重压。

3）钢管压接后钢芯应露出钢管端部 3～5mm。

4）凹槽处压接完成后，应采用钢锚对比等方法校核钢锚的凹槽部位是否全部被铝管压住，必要时拍照存档。

（7）压接后铝管不应有明显弯曲，弯曲度超过 2%应校正。

（8）各液压管施压后，操作者应检查压接尺寸并记录。

五、考核要求

（1）理论考试。满分 100 分，题型有选择题、判断题、简答题或论述题，考试时间 60min，60 分合格。

（2）实操考核。按 3 人为一组分配，分别操作完成一组直线管压接工序，操作时长 30min，60 分合格。具体考评标准见附件 20-1，压接数据记录表见附件 20-2。

附件 20-1

线夹压接操作评分表

考生编号：　　　　　　　　　姓名：　　　　　　　　年　　月　　日

考核时限	30min		标准分	100分	
开始时间		结束时间		时长	
试题名称	钢芯铝绞线耐张线夹压接的操作				
需要说明的问题和要求	1. 两人配合于工位上操作，一人操作液压机。 2. LGJ-400/50 钢芯铝绞线				
工具、材料、设备、场地	液压机及模具、导电脂、锉刀、钢锯弓、铁丝、无毛布、游标卡尺等				
评分标准	序号	项目名称	质量要求	满分	得分
	1	工作前准备 1. 检查液压机 2. 选择并安装钢模	液压机性能良好，钢模型号正确，钢模安装正确	5	
	2	导线切割、穿管 1. 切割导线 2. 将被压接的导线捋直，端头用绑线扎好 3. 导线端头用无水酒精清洗 4. 导线端头表面薄薄地涂一层复合电力脂 5. 铝管穿入导线内 6. 钢芯线端穿入钢锚内	动作正确，防止散股，切割整齐并与轴线垂直，清洗长度不短于管长的1.5倍，擦拭并使其干燥，整合好线股，绑扎好端头，用细钢丝刷清除表面氧化膜，保留涂料，导线端头出管处作印记	30	
	3	压接钢锚、铝管 1. 在钢锚尾端压接第一模 2. 第二模向钢锚端口顺序压接 3. 钢锚压完后检查压接尺寸，并在管口涂刷防锈漆	压接位置正确，压后尺寸符合要求，弯曲度不应大于管长的2%，压接或校直后的耐张线夹不应有裂纹，锉去飞边毛刺	40	

续表

评分标准	序号	项目名称	质量要求	满分	得分
评分标准	3	4.铝管移到压接区,进行压接,先压尾部第一模,检查压接尺寸,跳过不压区,顺序压接	压接位置正确,压后尺寸符合要求,弯曲度不应大于管长的2%,压接或校直后的耐张线夹不应有裂纹,锉去飞边毛刺	40	
		5.耐张线夹弯曲度检查			
	4	动作要领	动作熟练流畅	5	
	5	安全要求	操作人员头部应在液压钳侧面并避开钢模,防止钢模压碎飞出伤人	5	
	6	质量要求	掌握标准、正确测量,判断正确,处理恰当	5	
	7	压接记录	测量压接后导线对边尺寸并记录	5	
	8	清理现场	工具、材料放回原处,放置整齐	5	
备注			30min 停止操作		
总分					

备注:
1. 以上每项得分扣完为止。
2. 超过规定时间50%,考评人员可下令终止操作。
3. 出现重大人身、器材和操作安全隐患,考评人员可下令终止操作。
4. 设备、作业环境、安全带、安全帽、工器具等不符合作业条件考评人员可下令终止操作。

考评组长:　　　　　　考评员:　　　　　　作业人员签名:

附件 20-2

线夹压接数据记录表

钢管	压前值（mm）	外径 D	最大	
			最小	
		内径 d	最大	
			最小	
		长度		
	压后值（mm）	对边距 S	最大	
			最小	
		长度		
铝管	压前值（mm）	外径 D	最大	
			最小	
		内径 d	最大	
			最小	
		长度		
	压后值（mm）	对边距 S	最大	
			最小	
		长度		
压接管清洗是否干净				
压接管压前外观检查				
切割单股铝丝时，钢芯是否有损伤				
钢管压后是否防腐处理				
压接人姓名（考生）				

21 铜、铝排制作实操培训项目

一、课程安排

铜、铝排制作培训项目计划 8 学时，培训内容包括安全培训、弯排机的操作理论培训、铜、铝排制作实操培训及考核。

二、培训对象

适宜新进厂员工。

三、培训目标

（1）通过理论学习，了解铜、铝排制作流程及相关注意事项。
（2）经过现场实际操作，能按要求熟练进行铜、铝排制作。

四、培训内容

（一）前期准备

1．场地准备

母排制作钳工桌、台钻、型材切割机等，实操场地 10m×10m；铝、铜排规格 80×10mm 若干，附近可接 380V 电源。

2．材料、机具准备

材料、机具准备见表21-1。

表21-1　　　　　　　　　　材料、机具准备

序号	名称	规格型号	单位	数量	备注
1	铝排	LMY-80mm×10mm	m	12	
2	电动弯排机	YWPJ-P10	台	1	
3	型材切割机		台	1	
4	台钻		台	1	配 13.5、15.5 钻花
5	接线工具		套	1	用于电源接入
6	移动电源盘		个	2	
7	钢卷尺	5m	把	2	
8	钢直尺	500mm	把	1	
9	角尺		把	1	
10	游标卡尺		把	1	
11	锉刀		把	1	
12	粗铝丝		m	12	用于母排模型制作
13	钢丝刷		个	2	
14	砂纸	600目	张	5	
15	无水乙醇		瓶	3	
16	白布	300mm×500mm	块	5	
17	记号笔		支	2	
18	签字笔		支	2	
19	纸张		张	5	
20	帆布手套		双	3	

（二）实操流程

1．施工准备

（1）认真查看图纸，核对下料单和图纸的正确与否。

(2) 检查母线表面是否平整光滑,不得有裂痕、锈斑、划伤等缺陷。

(3) 检查工机具运行工况。

2．现场测量

(1) 使用钢卷尺确认所需制作的铜、铝排起点终点间空间位置。

(2) 采用粗铝丝进行弯制,使之成为母排制作模型。按照现场实际情况,进行母排长度计算。

(3) 结合模型,确认铜、铝排弯制位置,用记号笔做出标识。

3．铜、铝排制作

(1) 根据现场实际情况下料,母线切割部位应进行打磨光滑。

(2) 在标记处用弯排机进行弯制。

(3) 母线开始弯曲处距最近绝缘子的母线支持夹板边缘不应大于 $0.25L$(L 为母线两支持点间的距离),但不得小于 50mm。

(4) 母排开始弯曲处距母线连接位置不应小于 50mm。

(5) 母线最小弯曲半径应符合表 21-2 规定。

表 21-2　　　　　　　　　母线最小弯曲半径规定

母线种类	弯曲方式	母线截面尺寸 (mm)	最小弯曲半径(mm)	
^^^	^^^	^^^	铜	铝
矩形母线	平弯	50×5 及其以下	$2a$	$2a$
^^^	^^^	125×10 及其以下	$2a$	$2.5a$
^^^	立弯	50×5 及其以下	$1b$	$1.5b$
^^^	^^^	125×5 及其以下	$1.5b$	$2b$
棒形母线		直径为 16 及其以下	50	70
^^^		直径为 30 及其以下	150	150

注　a—母线厚度;b—母线宽度。

(6) 母线的接触面应平整,无氧化膜。经加工后其截面积减少值,铜母线不应超过原截面的 3%;铝母线不应超过 5%。

（7）母线加工完成后不应有毛刺。

五、考核要求

（1）理论考试。满分 100 分，题型有选择题、判断题、简答题或论述题，考试时间 60min，60 分合格。

（2）实操考核。按 3 人为一组分配，分工合作，操作时长 120min，60 分合格。具体考评标准见附件 21-1。

附件 21-1

铜、铝排制作操作评分表

考生编号：　　　　　　　　姓名：　　　　　　　年　　月　　日

考核时限	120min		标准分	100 分
开始时间		结束时间		时长	
试题名称		铜、铝排制作			
需要说明的问题和要求		1. 本项目为实操考核，需在规定时间内完成铝母排制作工作。 2. 在考核开始前需对工机具、材料进行检查，发现问题及时汇报。 3. 本项目为单人考核项目，仅在弯排时可要求考官帮助操作弯排机，但需考生发出明确指令
工具、材料、设备、场地		安全帽、帆布手套、铝排 LMY-80mm×10mm、电动弯排机、移动电源盘、锉刀、钢丝刷、砂纸、清洗剂、白布、记号笔、5m 钢卷尺、500mm 钢直尺、笔、纸张

	序号	项目名称	质量要求	满分	得分
评分标准	1	作业前准备	1. 检查所有工机具、材料等是否完好、满足要求。 2. 口述作业前需满足的技术准备	10	
	2	工机具、材料检查	检查选用的铝排规格、尺寸，铝排应平整、顺直；铝排表面不得有刮痕、开裂等质量缺陷，弯制模具应与被弯制材料配套	10	
	3	铝母排弯制	1. 铝排不得踩踏，不得在地面拖磨。 2. 弯制时必须保持铝排的正确位置，不得歪斜。 3. 铝排弯曲处不得有裂纹及显著的折皱。 4. 弯制完成后立弯角度应为 90°；铝排不能出现扭曲变形。 5. 铝排的最小转弯半径应符合规范要求。 6. 铝母排上应适应螺栓穿孔的位置、数量与开孔尺寸等	60	
	4	完工收尾及过程安全控制	1. 完工后应做到"工完、料尽、场地清"，工机具归还原位，电动工机具电源断开。 2. 操作过程中安全规范	20	

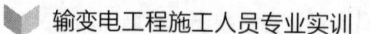

续表

备注	60min 停止操作
总分	

备注:
1. 以上每项得分扣完为止。
2. 超过规定时间 50%,考评人员可下令终止操作。
3. 出现重大人身、器材和操作安全隐患,考评人员可下令终止操作。
4. 设备、作业环境、安全带、安全帽、工器具等不符合作业条件考评人员可下令终止操作。

考评组长: 考评员: 作业人员签名:

22 电建钻机基础施工实操培训项目

一、课程安排

电建钻机基础施工培训项目计划 3.5 课时（每组 4～6 人），培训内容包括电建钻机的布置、电建钻机检查及试机、基础坑中心定位及效核电建钻机钻头对准中心桩、成坑操作等。

二、培训对象

适合组塔作业层班组骨干。

三、培训目标

（1）通过现场学习，熟悉电建钻机组塔现场布置要点及要求。

（2）通过现场实际操作，掌握电建钻机的操作原理和安全注意事项。

（3）通过现场实际操作，掌握成坑的质量检查。

四、培训内容

（一）工法介绍

本工法适用于输电线路挖孔基础、掏挖基础、灌注桩基础、岩石嵌固基础等机械成孔施工，适用于平地、丘陵、山地等地形，适用于流沙、流泥、普通土、坚土、风化岩石（强度小于 60MPa）等地质，成孔直径范围 0.6～3.2m，最大成孔深度 30m。利用电建钻机实现输电线路基础机械化开挖，对于一次成孔，干作业时根据切削、刨松原理，采用等孔径的动力头转动底门镶嵌斗齿的桶式钻斗，切削岩土，并将原状岩土之收入钻斗内，然后再由钻机卷扬机和伸缩钻杆将钻斗提出孔外卸土，循环往复钻至设计深度；湿作业时应用护筒护壁或泥浆护壁，辅助电建钻机旋挖成孔。对于多次成孔，采取不同规格的钻具、钻斗抽芯，应用分层环形旋进或梅花桩成孔方式进行钻进，最后采用等孔径钻头铣孔至设计深度。

（二）施工准备

1．设备准备

根据输电线路特点分别可适用在以下地形地质条件：KR50D、KR100D、KR110D 适用山地、田间的坚土、普通土、松砂石的基础施工；KR150D 适用平坦地区的坚土、普通土、松砂石、中风化岩的基础施工；KR125ES 的工作高度为 8m，适用坚土、普通土、松砂石、中风化岩石。

2．道路准备

一般道路简单清表后可直接行走，宽度控制在 3m 以内，对于地基承载力无法满足电建钻机行走条件的，可铺设路基箱。场地准备。施工前对塔位进行线路复测分坑，设置围栏和施工标志牌，修通进场便道，对单腿修筑电建钻机操作平台约 3.5m（长）×3.5m（宽）。施工场地承载力不足时，则考虑在地基表面铺设 20mm 厚的钢板或路基箱。

（三）钻机就位

场地平整好后，应尽量使两履带中间位置对准孔口中心点，保证钻进过程中将钻机重力均匀分散传于地面，以利于在施工中保护孔壁稳定。钻机停位回转中心距孔位宜在 3～4m 之间，检查回转半径内是否有障碍物影响回转。钻孔作业前，应检查并确认履带的轨距伸至最大。应进行空载转运，检查行走、回转、起重等各机构的制动器、安全限位器、防护装置等，确认正常后方可作业。安排指挥人员配合钻机安装相对应的钻头后，指引钻机进入相对应的基坑位置，指挥人员协助钻机操作人员将钻头中心对准基坑中心桩，并通过锤球分别于线路横线路和顺线路方向进行校核对准。

（四）干作业成孔

钻孔开始施工时，钻机应空载起转。开始钻进时速度应缓慢，当钻进深度达到一个钻斗高度时，可以视土质情况调整钻进速度。钻孔时，钻机操作人员通过驾驶室内的显示器监控钻机的实际工作状态，及时进行调整，调整后继续钻进；也可通过坑口监测人员的指示信号进行操作。如发现异常地质情况，应立即停止作业，并采取相应的处理措施。钻斗装土时，装斗量的多少根据不同地质情况确定，提钻时将钻杆反转 1~2 圈，使钻斗门关闭，提升钻斗，将土卸于指定堆放地点。操作人员通过操作室内屏幕显示的钻探深度而掌握钻筒内余土装满后，提出钻筒打开地板进行倾倒，再关闭地板将空钻筒放入基坑中继续旋挖。如此反复旋转挖掘直至设计要求深度。

（五）湿作业成孔

遇地层结构、地质情况不稳定，如淤泥、淤泥质土、砂土、碎石土、中间有硬夹层及地下水以下的土层等，需采取泥浆护壁、护筒护壁等方式，其钻进成孔、提钻、卸土等操作原理与干成孔作业内容相同。

（六）清孔

干作业清孔。当开挖至设计深度后，将钻头留在原处机械旋转数圈空转清土，将孔底虚土清理干净，然后停止转动，提起钻杆。注意在空转清土时不得加深钻进，提钻时不得回转钻杆。

（七）主要工具准备

主要工具准备见表 22-1。

表 22-1　　　　　　　　　　主要工具准备

序号	名称	规格型号	单位	数量	备注
1	电建钻机		台	1	
2	经纬仪		台	1	

续表

序号	名称	规格型号	单位	数量	备注
3	塔尺		根	1	
4	钢卷尺	50m	条	1	
5	护筒		个	2	

23 履带式起重机组塔实操培训项目

一、课程安排

履带式起重机组塔作业培训项目计划3.5课时（每组8~10人），培训内容包括履带式起重机的布置、塔脚及塔片吊点设置、构件吊装等。

二、培训对象

适合组塔作业层班组骨干。

三、培训目标

（1）通过现场学习，熟悉履带式起重机组塔现场布置要点及要求。
（2）通过现场实际操作，掌握起重机的操作原理和安全注意事项。
（3）通过现场实际操作，掌握构件吊点设置、塔片吊装操作及要点。

四、培训内容

（一）工法介绍

本工法根据铁塔结构参数选择合适的履带式电建起重机，首先进行吊装场地准备、塔材地面拼装，电建起重机进场后根据其特性曲线表可采用分片、分段或整体吊装等方式，按照塔腿、塔身、横担的吊装顺序完成铁塔组立。

（二）施工准备

1．设备准备

根据铁塔结构参数选择合适的履带式电建起重机。电建起重机进场前应具备型式检验证书及产品合格证，严禁无证设备进入施工现场。

2．道路准备

根据设备行走宽度及重量对进场道路进行踏勘，确定拖车运输及自行走路段。道路修筑原则上只进行简单清表。自行走道路宽度、转弯半径、坡度、左右倾角应符合具体设备参数。对于水田、淤泥道路，一般情况下可直接行走；对于淤泥层较厚、地基承载力无法满足电建起重机行走条件的道路，应铺设路基箱。

（三）起重机就位

电建起重机进场前，施工班组应进行道路勘查，调查清楚进场道路沿线的限高、限重、限宽、电力线等情况，采取有效措施保障机械设备通行安全。

转场和运输优先采用拖车，如无运输条件则采用自行走方式，安排专人进行监护和指挥，并采取铺垫轮胎或钢板等措施对乡村公路进行保护。

根据每基不同塔位塔片放置位置和基础塔腿位置，确定电建起重机的驻车位置，宜选择在顺线路方向摆放电建起重机，以满足左右两侧横担吊装条件。

（四）塔腿吊装

按塔腿各段的重量，先吊装四腿主材，再吊装水平连接材，最后吊装斜材，或者整体吊装塔腿段。起吊重量应严格控制在各段起重吊装表和电建起重机组塔额定起重表范围之内，不得超负荷起吊。

（五）塔身吊装

根据塔身重量情况，可采取分片吊、整段吊的吊装方法。起吊重量应严格控制在各段起重吊装表和起重机额定起重表范围之内，不得超负荷起重。

（六）横担吊装

直线塔应根据实际重量和性能参数进行判断，若符合要求可整体吊装横担及地线支架；当横担重量超出起吊范围时，按照先吊装中横担，再吊装边横担，最后吊装地线支架的顺序进行施工。耐张塔按照横担、地线支架，从内往外、从下往上的顺序进行吊装，严禁先吊装好一侧所有横担再吊装另一侧横担。

（七）整理消缺

（1）各种螺栓应紧固，达到规范要求的扭矩。

（2）铁塔组立完毕后螺栓应全部复紧一遍，并及时安装防松或防卸装置，对缺陷逐一处理，防盗帽、防松帽必须紧固。

（3）立塔完成后及时清理现场，并及时回填地锚坑，做到"工完料尽场地清"。

（八）主要工具准备

主要工具准备见表23-1。

表 23-1　　　　　　　　　　主要工具准备

序号	名称	规格型号	单位	数量	备注
1	履带吊		台	1	
2	吊点绳	$\phi 17.5$	根	4	
3	控制绳	$\phi 13$	根	1	
4	卸扣	50kN	个	10	
5	葫芦	30kN	个	2	

（九）组塔安全要求

（1）进入铁塔组立施工现场必须正确佩戴安全帽，高处作业人员必须打好双保险安全带、穿胶底鞋，工作前严禁饮酒，工作场地严禁吸烟。

（2）高处作业人员配备使用全方位防冲击安全带、塔上作业每个角配备速差自控器（严禁低挂高用），登塔人员应配备攀登自锁器，必要时应设置水平移动保险绳。

（3）高处作业必须由取得高处作业证人员担任，并且须有专人监护，人员上下塔过程中，不得随身携带重物。

（4）塔下人员不得在塔上作业人员的垂直下方作业或逗留，防止塔上坠物伤人。起吊过程中，工作人员不得在杆塔和牵引系统下方逗留。

（5）塔上作业除系好安全带外，还应挂好二道防护绳。在塔上长距离移动时，必须挂速差自动保护器作为防坠落保护，速差器严禁底挂高用。当两种安全保护装置交替使用时应先使一种处于受控状态，再拆除另一种安全保护。

（6）所有工器具设备都必须经检查、验证合格后方可运到现场，施工前必须对使用的工机具进行清理和检查，所有安全防护用具、工器具、设备，除进行定期周检外，还必须进行使用前的外观检查，所使用的工器具必须经过检验，并有检验记录，不合格者禁止使用。不得超负荷使用。

参 考 文 献

[1] 李柏. 送电线路施工测量 [M]. 北京：水利电力出版社，1983.

[2] 国家能源局. DL/T 5285—2018，输变电工程架空导线（800mm² 以下）及地线液压压接工艺规程 [S]. 北京：中国电力出版社，2018.

[3] 中华人民共和国国家质量监督检验检疫总局，中国国家标准化管理委员会. GB/T 2314—2008，电力金具通用技术条件 [S]. 北京：中国标准出版社，2009.

[4] 国家电网有限公司. Q/GDW 11957.2—2020，国家电网有限公司电力建设安全工作规程 第2部分：线路 [S]. 北京：中国电力出版社，2020.

[5] 国家电网有限公司. Q/GDW 10115—2022，110kV～1000kV 架空输电线路施工及验收规范 [S]. 北京：中国电力出版社，2022.

[6] 中国机械工业联合会. GB/T 6946—2008，制丝绳铝合金压制接头 [S]. 北京：中国标准出版社，2009.

[7] 中华人民共和国国家质量监督检验检疫总局，中国国家标准化管理委员会. GB 26859—2001，电力安全工作规程 电力线路部分 [S]. 北京：中国标准出版社，2012.

[8] 国家能源局. DL/T 875—2016，架空输电线路施工机具基本技术要求 [S]. 北京：中国电力出版社，2016.

[9] 中华人民共和国住房和城乡建设部. GB 50233—2014，110kV～750kV 架空输电线路施工及验收规范 [S]. 北京：中国计划出版社，2015.

[10] 中华人民共和国住房和城乡建设部. GB 50026—2020，工程测量标准 [S]. 北京：中国计划出版社，2021.

[11] 国家能源局. DL/T 5578—2020，电力工程施工测量标准 [S]. 北京：中国电力出版社，2021.

[12] 国家能源局. DL/T 765.1—2021，架空配电线路金具 第1部分：通用技术条件 [S].

北京：中国电力出版社，2021.

[13] 国家能源局. DL/T 1098—2016，间隔棒技术条件和试验方法 [S]. 北京：中国电力出版社，2016.

[14] 国家能源局. DL/T 1099—2021，防振锤技术条件和试验方法 [S]. 北京：中国电力出版社，2022.

[15] 国家能源局. DL/T 5168—2016，110kV～750kV 架空输电线路施工质量检验及评定规程 [S]. 北京：中国电力出版社，2016.

[16] 国家能源局. DL/T 573—2021，电力变压器检修导则 [S]. 北京：中国电力出版社，2021.

[17] 中华人民共和国国家质量监督检验检疫总局，中国国家标准化管理委员会. GB 26860—2011，电力安全工作规程　发电厂和变电站电气部分 [S]. 北京：中国标准出版社，2012.

[18] 国家能源局. DL/T 5161.8—2018，电气装置安装工程质量检验及评定规程　第 8 部分：盘、柜及二次回路接线施工质量检验 [S]. 北京：中国电力出版社，2019.

[19] 中华人民共和国住房和城乡建设部，国家质量监督检验检疫总局. GB 50147—2010，电气装置安装工程　高压电器施工及验收规范 [S]. 北京：中国计划出版社，2010.